全国高校建筑学专业应用型课程规划推荐教材

建 筑 模 型
ARCHITECTURAL MODEL

洪惠群　杨　安　邬月林　著
Hong Huiqun　Yang An　Wu Yuelin　ed.

中国建筑工业出版社

图书在版编目（CIP）数据

建筑模型／洪惠群，杨安，邬月林著．—北京：中国建筑
工业出版社 2007
全国高校建筑学专业应用型课程规划推荐教材
ISBN 987-7-112-09313-7
Ⅰ．建… Ⅱ．①洪… ②杨… ③邬…Ⅲ．模型（建筑）－
高校学校－教材
Ⅳ．TU205
中国版本图书馆 CIP 数据核字（2007）第 077613 号

在建筑师的设计活动中，空间构思能力和造型设计能力恐怕是最被看重的素质了。而这种素质的培养虽说是由多种教育手段综合完成，这其中当然不可忽视了建筑模型教育手段。本教材主要根据培养建筑师的空间构思能力和造型设计能力的教学需求，相应地介绍了建筑模型类别，建筑模型材料与工具，建筑模型制作方法以及建筑模型鉴赏等相关的内容。

本书可作为高等院校建筑学、城市规划、景观设计和室内设计专业的教学用书，同时也可面向各类成人教育专业培训的教学，也可作为设计师和专业从业人员提高专业水平的参考书。

责任编辑：王　跃　陈　桦
版式设计：付金红
责任校对：王雪竹　兰曼利

全国高校建筑学专业应用型课程规划推荐教材
建筑模型
ARCHITECTURAL MODEL
洪惠群　杨安　邬月林　著
Hong Huiqun　Yang An　Wu Yuelin　ed.
　　*
中国建筑工业出版社出版、发行 (北京西郊百万庄)
各地新华书店、建筑书店经销
北京广厦京港图文有限公司设计制作
北京画中画印刷有限公司印刷
　　*
开本 787×1092 毫米 1/16　印张：7½　字数：186 千字
2007 年 10 月第一版　2017 年 2 月第七次印刷
定价：42.00 元
ISBN 978-7-112-09313-7
　　　(15977)

—— 本系列教材编委会 ——

Publishing Directions

出版说明

　　进入 21 世纪，随着城市化进程的加快，建筑领域的科技进步，市场竞争日趋激烈，设计实践积极探索，建筑教育和研究显得相对滞后。师徒传承已随着学校一再扩招成为历史，建筑设计教学也不仅仅是功能平面的程式化设计，外观形象的讨论和传授。如何拓宽学生的知识领域，培养学生的创造精神，提高学生的实践能力？建筑院校也需要从人才市场的实际需要出发，以素质为基础，以能力为本位，以实践为导向，培养建设行业迫切需要的专门人才。

　　2006 年初，中国建筑工业出版社组织北京建筑工程学院、南京工业大学、合肥工业大学、广州大学、长安大学、浙江工业大学、三江学院等院校的教师召开了全国高校建筑学专业应用型课程规划推荐教材编写讨论会。建设部人事教育司何任飞副处长到会并发表重要讲话。会议中各位代表充分交流了各校关于建筑学专业应用型人才培养的教学经验，大家一致认为应用型人才培养是社会发展的现实需要，以应用型人才培养为主的院校应在建筑学专业教学大纲的指导下体现自己的特色和方向。会议在深入探讨和交流的基础上，确定了全国高校建筑学专业应用型课程规划推荐教材第一批建设书目。

　　本套教材的出版是为了满足建设人才培养的需要，满足社会和教学的需要，选择当前建筑学专业教学中有特色的、有成熟教学基础的课程，与现有的建筑学教材形成互补。陆续出版的教材有《建筑表现》、《建筑模型》、《建筑应用英文》、《建筑设计基础教程》、《建筑制图》、《建筑施工图设计》、《建筑设计规范应用》、《调查研究科学方法》、《建筑师职业教育》，作者是来自各个学校具有丰富教学经验的专家和骨干教师，教材编写实用、严谨、科学，追求高质量。希望各个学校在教学实践中给我们提出宝贵意见，不断完善，使本系列教材更加符合教学改革和发展的实际，更加适应社会对高等专门人才的需要。

— 目录 — Contents —

Chapter1 Interduction

第 1 章　导言

第1章 导　言

1.1　关于建筑模型

人的思维凭借语言来表达。建筑师的思维——构思灵感和造型活动等，往往通过徒手草图、建筑模型、建筑绘画、CAD绘图、建筑工程图等特殊的专业"语言"，深化和表现构思，解释和完善意图。鉴于此，对于建筑构思的视觉表现，建筑造型的形式构成所要求的种种功力训练和艺术修养，素为中外建筑师所重视。建筑美术学科也正在多学科渗透综合中，逐渐向相对独立的趋势发展。

作为建筑设计"语言"之一的建筑模型，中国古代或谓之"法也"。有着"制而效之"的意思。《说文》注曰："以木为法曰模，以竹为之曰范，以土为型，引伸之为典型"。在营造构筑之前，利用直观的模型来权衡尺度，审曲面势，虽盈尺而曲尽其制，真是再方便不过的了。作为现代建筑设计常用的手法中，多数是利用建筑模型于设计构思阶段，因而称之为工作模型。此时的工作模型一般是由设计者亲手制作，根据构思阶段侧重点的不同，具体而微。不论是哪一阶段、哪一步骤、哪一时刻审视建筑模型时，设计者总是处于思接千载、视通万里的境界，处于思维最为活跃的阶段：通常是由环境（地形）模型来分析基地的状况；由内视模型推敲内部空间的流线及组织；由体块模型斟酌空间形体与体量关系；由构架模型探讨结构形式的合理性与可行性。随着"思理为妙，神与物游"的构思趋于成熟，方案大致推定之时，往往以建筑方案模型来表现建筑师对于建筑功能、结构技术和审美感受的综合思考，表达建筑物之适用空间，结构空间和视觉空间的统一处理。一个仿未来的、新的建筑造型物——建筑模型出现时，通常供会审阶段品评、审度、交流或是广告宣传及观摩品鉴之用。

1.2　建筑模型的特征

建筑模型，由于它具有与实物完全缩比的关系，或称"异质同构"的特点，可充分展露建筑优美的艺术形象，确切的结构构造处理和独特的艺术风格。同时，模型本身的形式美感的表现，材料的巧施妙用，精到的制作工艺和技巧，都使之成为造型艺术品，"殚土木之精工，穷造形之机巧"，令人叹为观止。

建筑模型表现往往是建筑师进行方案分析、推敲的一种手段。现代的建筑模型在多数情况下是以展示为目的，如房地产的房屋销售展示以及城市规划设计、公共建筑设计等成果展示。建筑模型无论其体量大小，其直观性和可观性是有别于平面性的绘画类，其最大的特点是表现多维性和立体感。这不仅有利于专业人员的研讨，也有利于业主们的审阅，这种直观的表现方式具有很强的说服力。就模型的制作和表现而言，无论是一个很小规模的建筑模型，还是一个较大规模的建筑模型，在表现上均是一致的。所以，我们所选择的模型表现，无论大与小，都精确地表现了建筑自身的内容，这种可视性对于我们将有很好的启迪作用。

1.3　关于建筑模型的趋势

近些年来，由于对现代建筑模型的审美要求、使用目的，制作技术以及观念上等方面的改变，使得现代大多数建筑模型的制作均以流水作业的方式为主来完成，并在其制作过程中呈现一种计算机数字化、模块的标准化、批量化的势态，因而，对于学习建筑模型的初学者似乎有点无从学起、无处可学以及难以学习的感觉，认为有了计算机数字化技术的准确表现和无所不能的雕刻机设备的帮助，人似乎无事可从。其实不然，建筑模型对于社会而言，它或许是越来越具商业化目的；但对于建筑学专业学习而言，它仍是现代建筑设计学习与建筑教育等的重要途径。

1.4　建筑模型与建筑教育

建筑模型是建筑学专业的选修课，其内容除了建筑设计的单体建筑模型外，还包括城市规划设计的计划模型，城市景观环境、小区景观环境的景观规划模型以及室内环境设计的室内模型。所以，建筑模型课程不仅仅是建筑学专业所选修的课程，而且也适合城市规划专业、景观设计与室内设计专业以及风景园林专业选修。由于建筑师（以及城市规划师、景观设计师、室内设计师）的设计活动中常常借助模型研究环节完成，所以，对现代建筑设计教育的空间想象力和造型设计能力的培养，也可以通过模型制作与研究的辅助方法达到教学目的。

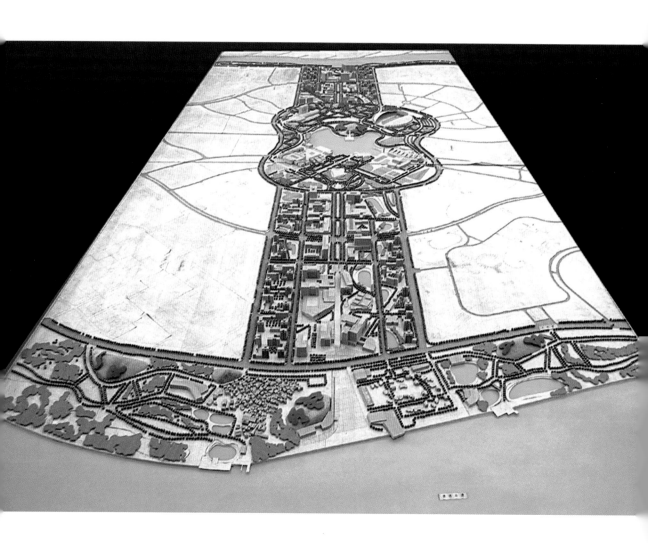

Chapter2 Plate

第 2 章　图版

第2章　　图　版

　　图版是指建筑模型表现的方式。建筑的模型通常以地形图为依据，并按照适当的比例，采用托版的形式来表现。模型根据设计阶段的不同、设计专业的不同以及设计的目的不同，可以划分成以下几类：

2.1　　建筑敷地——计划类

　　建筑敷地——计划类是对拟建建筑群所处的自然环境以及该建筑群的功能空间的组合关系等进行综合考虑与策划。根据建筑的场地设计原则，主要研究拟建建筑群与所处的地形地貌、空间组合、功能关系是否可行、合理（图2.1-1～图2.1-7）。

图 2.1-1
图 2.1-2

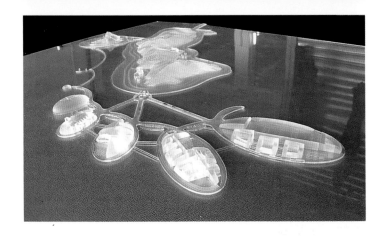

图 2.1-3
图 2.1-4
图 2.1-5
图 2.1-6　　图 2.1-7

2.2 建筑环境——规划类

　　建筑环境——规划是对拟建的建筑群在区域中的建筑环境关系进行综合的考虑与策划，研究建设项目实施的合理性、协调性为目的。根据城市规划设计的原则，从整体性的角度研究拟建建筑项目与所处的建筑环境关系是否合理、协调（图2.2—1～图2.2—8）。

图 2.2—1
图 2.2—2

对页图
图 2.2—3　　图 2.2—4
图 2.2—5　　图 2.2—6
图 2.2—7　　图 2.2—8

2.3　建筑单体——方案类

　　建筑单体——方案类是对拟建的建筑造型、形体、色彩以及空间、功能等方面的研究为目的。根据建筑设计的审美原则，主要强调拟建建筑造型设计上的艺术性研究；根据建筑构造技术的科学性，拟建建筑构造设计上的可行性研究；根据建筑设计的目的性，主要强调建筑功能与空间组合上的合理性设计研究（图2.3-1～图2.3-16）。

对页图
图2.3-5　　图2.3-6
图2.3-7　　图2.3-8
图2.3-9　　图2.3-10
图2.3-11　　图2.3-12

图2.3-1
图2.3-2　　图2.3-3
　　　　　　图2.3-4

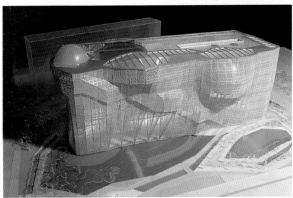

图 2.3—13
图 2.3—14　　图 2.3—15
　　　图 2.3—16

Chapter3 Architectural Model Appreciate

第 3 章　建筑模型鉴赏

第3章　建筑模型鉴赏

3.1　工业建筑 (图3.1-1~图3.1-6)

图 3.1-1
图 3.1-2　　图 3.1-3
图 3.1-4

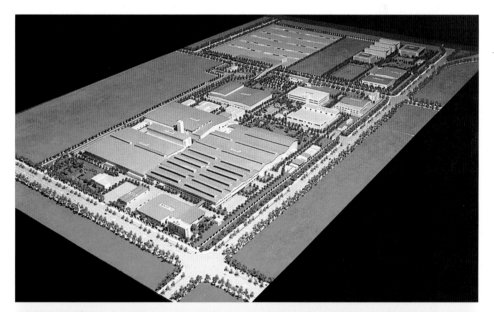

图 3.1—5
图 3.1—6

3.2　民用建筑（图3.2-1～图3.2-11）

图3.2-1　　图3.2-2
图3.2-3

图 3.2—4
图 3.2—5　　图 3.2—6
图 3.2—7　　图 3.2—8

图 3.2—9

图 3.2—10   图 3.2—11

3.3 公共建筑 （图 3.3-1 ~ 3.3-20）

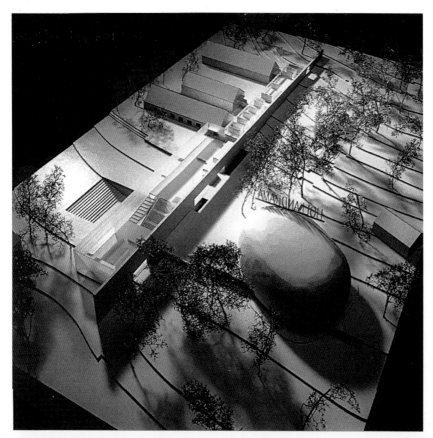

图 3.3-1
图 3.3-2

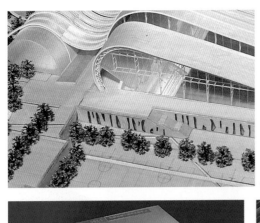 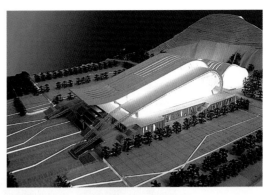

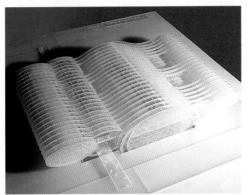 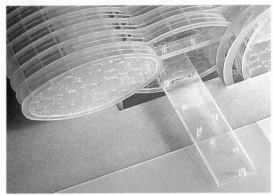

图 3.3—3　图 3.3—4
图 3.3—5　图 3.3—6
图 3.3—7

图 3.3—8
图 3.3—9　　　图 3.3—10
图 3.3—11

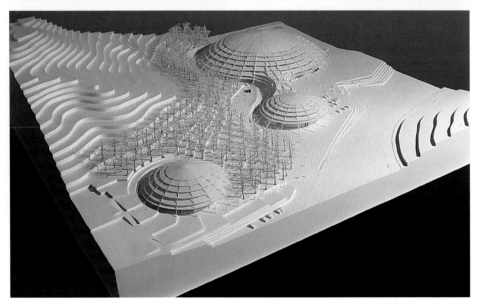

图 3.3—12
图 3.3—13　　图 3.3—14
图 3.3—15　　图 3.3—16

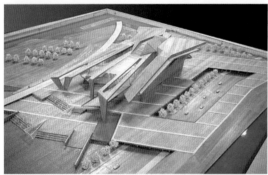

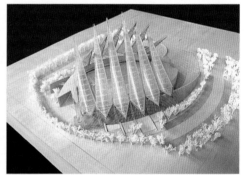

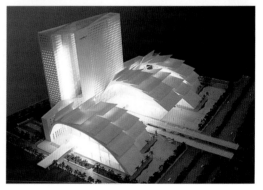

图 3.3—17
图 3.3—18　　图 3.3—19
图 3.3—20

3.4 其他建筑（图 3.4—1、图 3.4—2）

图 3.4—1
图 3.4—2

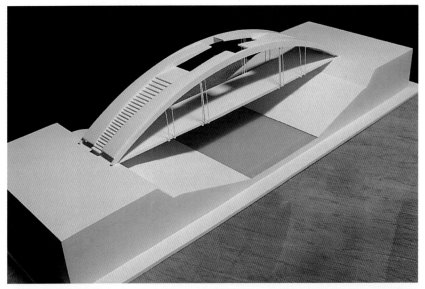

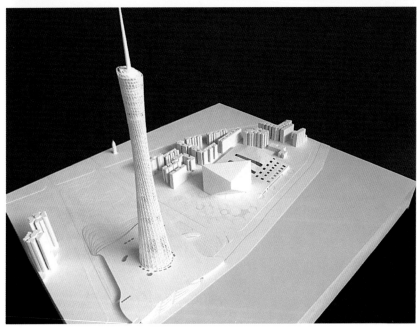

3.5 室内建筑模型（图3.5—1～图3.5—6）

图3.5—1
图3.5—2

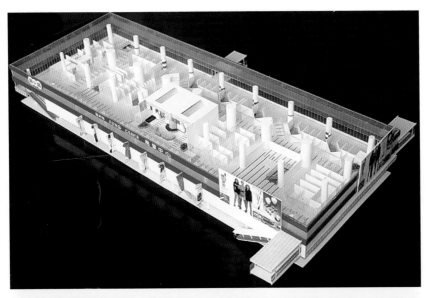

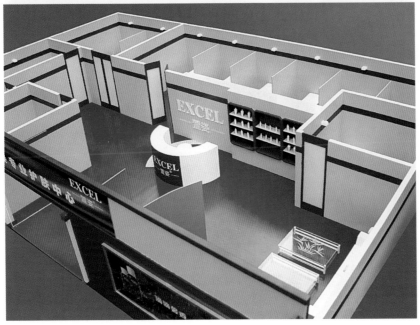

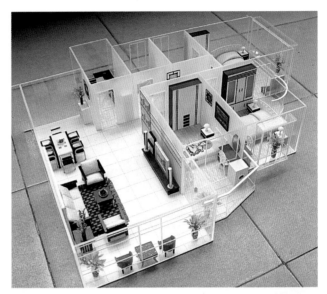

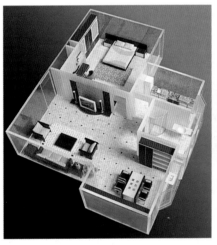

图 3.5—3

图 3.5—4　　图 3.5—5

　　　　　图 3.5—6

Chapter4 Tool and Material for Architectural Model

第 4 章　材料与工具

第4章　材料与工具

4.1　亲身经历

　　这里，笔者就通常市场上有售的，容易见到和购买到的材料，作一概要列举。比如：我们通过一些照片很难看出某一种材料的肌理效果及质地感觉。因此，我们最好能亲自到模型材料店多走走看看，凭自己的"亲眼所见"和"亲身体验"（触摸）的感觉去直接选择你所需要的模型材料。因为在这一购物活动的同时，也是对美的一种发现和感受，也许还能起到进一步完善自己建筑设计构思的作用。所以，模型的选材与模型制作者本人的感受是非常重要的。一个用别人为你选定好材料的模型作者，是很难创造出符合自己心愿的作品的。事实上，在我大学时代就有过这样的亲身经历体验。我记得，有一次上设计课需要做模型。如果选用专用的模型材料制作模型，一方面有利于加工和制作，另一方面用专用模型材料做出来的效果也很好，显得轻巧、精美。但由于当时的经济能力有限，而不能到市场上去购买模型材料。于是，我就到几个同学那里收集了一些剩下的模型材料，满怀欣喜地开始做起自己设计的模型。而这时本人的状态是：有了材料，但感觉却没有。经过了多次试验，总觉得设计作品与材料的表现似乎不匹配，做来做去，都无法体现设计效果最好的一面。由于失败多次，结果造成材料的浪费，最后搞得不得不放弃原有的做法。我回到市场去寻找可用（替代）的材料。这次，我没有去到专业模型店选择材料，而是到废旧货市场寻找。一边挑选材料，一边在思考设计方案。有了这次亲身挑选材料的过程，使得本次的模型制作非常顺利，其效果自认为还不错（图 4.1-1、图 4.1-2）。

　　总之，对一个模型制作者来讲，应首先就自己的建筑设计方案，确定如何处理和表现这个问题，之后模型所采用的材料也就自然可以决定了。

图 4.1-1　　图 4.1-2

4.2　关于建筑模型与材料

经过反复不断的实践，基本达到可以自已独立试制模型的地步时，首先要解决的问题，就是有关材料及材料加工下所需要使用的各种方面的知识。在此就制作模型时所应具备的材料以及工具的作用，包括如何正确使用这些等问题作简要介绍。

4.2.1　选择新材料的原则

在国内有一些商店设有模型材料的专柜，也有一些是专门的模型材料商店，这些材料，五花八门，应有尽有。不过，材料的选择应根据模型的要求来决定。如，建筑敷地——计划类与建筑环境——规划类的模型选择肌理粗糙一点的材料，如：泡沫材料、石膏、纤维板、夹板；建筑敷地——计划类与建筑单体——方案类、展示类的模型选择肌理细腻一点的材料，如：PVC 板、透明有机玻璃和乳白色有机玻璃等。

4.2.2　废旧材料的再利用

除此之外，还有一些虽然不纯属模型制作的固定材料，但有时却往往在模型制作上缺少不了，如身边常使用过的废弃物：各种箱板、包装盒、塑料容器、钮扣及建筑材料等。此外，还有一些不被一般人所注意的小东西，往往在模型制作上大有用处，从这些材料上能显示建筑的肌理、质感、效果。

4.3　常用的建筑模型材料

过去，一般建筑模型所使用的材料类别基本上是有限的，手法也较为单一。但随着科学技术的不断发展，模型制作，无论从工具、材料还是加工技术都得到了很大的发展。今天，几乎可以说没有什么东西不能应用在模型制作上。材料品种相当多，尤其是石油化工产品类，种类繁多，是以前所从未有的材料。这里要强凋的是，仅用〝身边的材料〞的叙述和表达方式，也有用〝也可以这样使用〞的描述。凡是这种情况的描述，就不是绝对要使用它。当然，也要明确模型的材料使用，不仅要知道有什么样的材料，重要的是如何灵活运用这些材料，掌握不同材料所具有的特性和作用，以及产生的效果等等。

制作模型所选用的主要材料，大致可分为纸类（卡纸、纸板）、木材，泡沫塑料、氯乙烯、丙烯、塑料类（PVC 板）以及金属、黏土、石膏、玻璃、涂料（着色剂）。另外，还有点缀环境用的树木、花丛、草坪及表示模型尺寸（比例）时所采用的参照物（人物、车辆等）。

4.3.1　纸材类

材料名称：纸、卡纸、板纸、瓦楞纸、马粪纸。

加工工具：工具刀、剪刀。

粘合方式：白乳胶、立时得。

材料说明：简单地说一个"纸"字是容易理解的，但就其种类繁多程度上讲，则很难详尽介绍。若从分类而言，可大致分为进口纸（如日本纸、美国纸、英国纸、法国纸等）与国产纸；若从纸的厚度、色彩、表面质地（肌理）等之间的差异分类，将会更为细致；若从纸的性能和特点来讲种类，更能发挥其有利之处。因为模型本身就是一定材料的形象，或者说是材料选型决定质地和色彩等形式要素。所以，它应充分发挥不同材料的特性，使之能为模型艺术的表现力与创造力服务。换句话说，当我们熟悉了各种纸的特性时，就可达到对不同纸的合理使用，也就自然提高模型的表现技巧。

不过，目前的建筑模型中很少采用纸材，仅在学校的学生制作习作性的、建筑设计院制作研究性的建筑模型时选用纸材。

4.3.2　丙烯 · 塑料 · 玻璃类

材料名称：泡沫苯乙烯、PVC 板、透明有机玻璃、乳白色有机玻璃、万通板、丙烯 · 塑料 · 玻璃。

加工工具：切割机、打磨机、工具刀（界刀）、勾刀、锉刀、剪刀。

粘合方式：立时得、502

材料说明：泡沫苯乙烯，这种材料体轻，加工性能良好，也较为经济，故应用范围很广。过去一直作为包装材料使用的。它可以用来做成各种形状的带有气孔的东西，也可做成平板用做绝热材料，还可作为其他建筑材料而使用。现在，学校的学生、设计院的设计师常用它作为制作习作性、研究性建筑模型及地形模型时最理想的材料。这种材料价格便宜（有时还可以利用废弃的包装材料），且便于制做，它很适合于模型造型与制作。切割可用切割机，断开只用界刀即可。图 4.3-1 为亚加力板，图 4.3-2 为 ABS 胶板。

图 4.3—1

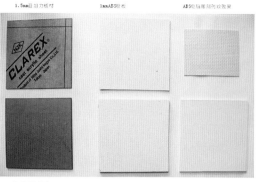

图 4.3—2

不过，这种材料的性质决定了它仅只能适于做一些体块型的、粗略型的建筑模型。

丙烯、塑料、玻璃，这三种材料与其他用于制作模型的材料配合起来使用时，常能产生理想的效果。尤其是在表现门窗时，更是不可替代的。在具体表现上可以灵活地运用这些材料，体现一定特殊效果。如用透明板或半透明板制作能看透内部的模型的门窗，或用混凝土作结构框架主体，全部外墙用透明板覆盖，再从内部施以照明，这种表现方法是丙烯和塑料所独有的优越之处。但有一点，如果对这三种材料的使用不当，会产生相反的作用，使模型失去其表述功能，没有任何意义。所以，重要的是使之与其他材料对比运用在模型方案中，使各种材料充分发挥其作用。这样所产生的艺术效果自然是有感染力的。

4.3.3　木材类

图 4.3—3

材料名称：木板、型材、复合材料（夹板、大芯板、软木板）、竹子、柳条。

加工工具：切割机、木工锯、线锯、工具刀、锉刀、镂刻机。

粘合方式：白乳胶、立时得。

材料说明：木材是用于建筑模型最具有代表性的材料（图4.3-3）。其材料规格多样，常见的成品型材有板材、桧木方料以及型材（航模专用材料），还有一些适于制作建筑模型的天然材料，如竹子、柳条，可以用来制作一些特色建筑模型等。当然，材料的选择可根据具体对象，选用适合其特点、造型制作方便的材料。

木材优点：质轻、细腻，易于造型等多方面的良好性能，故被广泛采用。

木材缺点：当木材呈薄板状态加工时，薄板容易沿纤维方向断裂；当薄板被切断时，在切口处有脆性，容易开裂。故通常在模型制作时，还是多选用一些便于处理且随型的材料。如构架式（结构式）模型及表现结构的模型，如果使用桧木方料，在切口处要注意连接方式与封口。

用于模型的木材还有朴木、硬红木、软木板等，这些材料没有明显的纹理；竹子、柳条、旧物（牙签、筷子）等材料，一般可以作为趣味性、装饰性的模型之用，如园林小品、建筑装饰配件；复合材料（夹板、大芯板、软木板）材料，一般可以作为建筑的骨架（然后在其表面饰以装饰性材料）、基础（如地形面貌、托盘）或建筑模型造型。

4.3.4　可塑性材料类

材料名称：黏土、石膏、油泥、陶土、水泥。

加工工具：工具刀、雕刀、钢锯（条）。

粘合方式：黏土模型的粘合方式采用黏土浆，而石膏（图4.3-4）则采用石膏浆粘合即可。

材料说明：黏土常用于试作类的（研究性的）建筑（或室内）模型最为方便的材料，主要用来分析和研究未来建筑的外观体积、曲线等的造型、外部空间组合关系、内部空间流线关系及起伏层次变化关系等。

黏土还可以填压到木模内，做出模型所需的各种象征性人物、车辆、家具等点景小品。

石膏一般作为制造成品模型的专用材料，已为众知，尤其是在模型中的环境处理上，进行装饰表现时，如雕塑小品、园林小品以及地形势态的表现等，都是得心应手的材料。石膏也同样可以像黏土那样，注入木模里，制作成模型中所需要的点景内容。

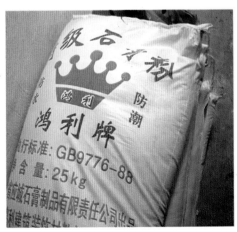

图4.3-4

石膏与黏土还多用于模型某一局部的处理上，或对某一细节的特殊表现，都会起到一定的随形作用。此外，黏土与石膏可塑性强，便于修改，添加方便，是地形模型中较多用的材料之一。

油泥材料，主要用于雕塑小品、园林小品，也由于价格较贵，少用。陶土、水泥等材料，主要用于制作地形、雕塑小品、园林小品等，其他就比较少用。

4.3.5 金属类

材料名称：金属板、金属管、金属线材。

加工工具：钢锯、线锯、工具刀、锉刀、手电钻。

粘合方式：铆接（适于金属薄板与金属薄板的连接方式）。

铆钉（适于金属板与金属管材或线材的连接）。

电焊、锡焊、铜焊等不同的加工方法，是因材料的不同，而所采取的相应的工具与材料。

材料说明：模型制作中所使用的金属材料，是根据模型在具体制作时的实际需要，或者作为部位的特殊需要进行处理的，它有利于模型细部的精致刻划。不过在加工和工具等方面有较高的要求。当然也有些金属内容是专门被加工出来的，如作为铁路模型所用的材料而研制出来的薄板型材和波形板。还有入口的建筑模型所需要扶手和点景用的某些材料，在模型中经过简单的加工，可任意使用，极其方便。

4.3.6 艺术处理材料类

材料名称：色粉、锯末、丝瓜瓤、泡沫海绵、刨皮、鸡蛋壳、米石。

加工工具：切割机、木工锯、工具刀、锉刀。

粘合方式：白乳胶，立时得。

材料说明：这些材料属于废旧物，其实它们各自有各自的专门用途。色粉（图4.3-5）属于现代科技类的材料，即专门为制作模型研制而成的，有各种各样色彩的色粉，是目前模型公司必备的模型材料；锯末常常用来做草坪或灌木、树木等点景类模型，如果是1:1000以上的模型比例时，则应选择色粉，因锯末质地偏粗了一点；鸡蛋壳、米石常用来做园中道路；丝瓜瓤（图4.3-6）、泡沫海绵（图4.3-7）常用来做环境中的树木、灌木等植物。

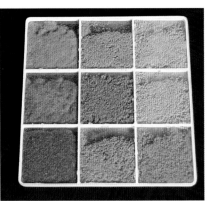

图 4.3—5

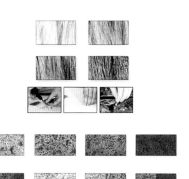

图 4.3—6

图 4.3—7

4.4　胶粘剂

材料名称：502 胶水、立时得、双面胶（图 4.4—1）

万能胶（图 4.4—2）、白乳胶、天那水（图 4.4—3）以及玻璃胶等。

材料说明：什么材料与什么对象粘贴，怎样粘贴？这一点可以说是模型成形的重要手段之一。为了确保模型的质量，了解胶粘剂及其与所粘材料的性质是非常重要的。在实际操作时，要周密全面地考虑粘结强度和粘结效果（包括张拉、剪切、剥落、弯曲、冲击等）；粘贴后所经受的条件作用（温度、水、油、光等）；被粘贴物的形状、大小、粘贴方法、操作特性、对比效果等各个方面的问题。然后，采用最适宜的方法和材料，这是使用粘贴剂之前应充分考虑的问题。胶带也属粘贴内容，使用胶带因不需要干燥的时间，在提高工作效率方面远比胶粘剂优越得多，因而，近些年它是深受推崇的材料。胶带又分双面胶带和透明胶带，给制作模型带来了极大的方便。

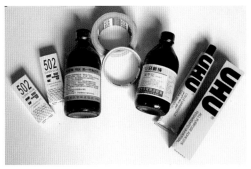

图 4.4—1

图 4.4—2

图 4.4—3

4.5　模型制作所需的工具

建筑模型多是各种材料的综合体。因此，模型制作应有足够的配套工具，这样也就可以根据材料选择和使用不同的工具。制作模型，工具不可缺少，如模型切割工具，还有强固、凿孔等多种工具。假如工具与材料不匹配，容易使得模型制作速度缓慢，且效果不佳。例如，木材加工采用金属切割工具，薄板材还可以对付，若是厚一点的板材就会时间长一些。当然，无论是什么工具，只要在模型设计制作中能起一定的作用，对模型的制作带来方便，都应该充分得到肯定和利用，也不应那么"教条"了。值得指出一点：对制作模型所使用的工具也好，材料也好，都必须把它们较理想地变成"自己的东西"，并能运用自如，得心应手，从而才能创造和发挥每个人的想像能力与创造能力。

众所周知，任何造型艺术或工艺制作，都少不了对工具的选择和使用，模型的制作，尤其显出工具选择和使用的重要性。模型的制作过程，离开工具，则将无法进行。一般就模型而论，只要能够满足绘图、测量、切削、裁割、雕刻这几项主要操作的用具即可工作。但是对于模型的爱好者，往往有兴趣收集备齐模型制作应有工具，他们总是很有想法地选择适合模型制作所需要的工具。不是每个人都能够做到把某一件工具使用得得心应手，因此，制作模型所使用的工具也应随其对象的内容来择购，也可以说"工欲善其事，必先利其器"。

综上所述，我们虽不能收齐每一件工具，但模型制作所需的以下基本工具还应必备。

4.5.1　工作台案

工作台案是制作模型必需的工作条件。对于一般建筑学专业的学校，如有条件都应建立必要的模型工作室，这样做的好处是无疑的，且设置也很容易。对于没有条件的单位至少可以利用课桌，但这样做有点不方便，因为不只是上一门课程，搬来搬去，容易损坏或丢失一些配件。工作台案也可以利用制图板替代。那些属于习作性或研究性的模型均可以在这种环境中进行。但是，对于较大规模的展出模型、沙盘或大型的模型、则必须建立相应的模型工作室和固定长期使用的大小工作台案。

4.5.2　测量绘图用具

制作模型时，应先做到对所制作的对象进行认真的测量和绘图，对地形等高线应该进行准确测量并在实际制作时严格按等高线去切割所有层高（图4.5-1）。对建筑物则应按比例严格绘图。这种办法看起来似乎是麻烦和多余的，实际上是省工省时，且返工率极小的一项重要过程。具体做法是：首先，认真在制作模型所用的材料上放样绘图。之后，再动用工具来进行下料（切割）制作。如果未经过以上程序操作而制成的模型则无任何价值。因为，它不真实、不准确。

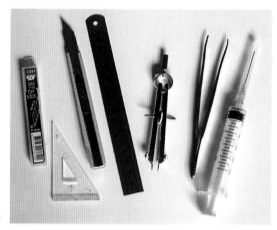

图4.5-1

4.5.3　强固具及凿孔工具

强固具也称移固具。这种工具是模型制作中不可缺少的工具，有夹子、镊子、卡尺、钳子、台钳等工具（图4.5-2）。凿孔工具有锥子、凿子、钻子、打孔器等。这些工具往往同强固具结合使用（图4.5-3）。尤其是对模型基座（模型底盘）及木结构建筑模型来说，是很重要的工具。

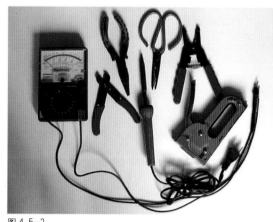

图4.5-2

图4.5-3

4.5.4　切割工具类

切割工具要根据材料对象不同来选用，其种类可分为：纸、木材、泡沫、玻璃、有机玻璃、塑料、金属等类型的切割工具，如：

1）木材类切割工具

木材类切割工具可分为软木与硬木两部分，软木类切割具有裁刀、界刀、雕刀、平刀等；硬木类切割具有锯子（图 4.5-4 电锯）、劈刀、界刀、平刀等。此外，还有凿子、刨子等木工工具。有了这些工具，软硬不同的各种木材都可以广泛使用。

2）泡沫类切割工具

泡沫类材料是制作模型采用较多的材料，不仅很便宜且加工也很简单。一般多用的工具是切割器（电热丝制）、木工锯、裁刀、界刀、美工刀等。

3）玻璃、有机玻璃、塑料类切割工具

玻璃、有机玻璃、塑料等材料的切割工具，分别有玻璃刀、有机玻璃裁刀、钩刀、剪刀等工具。这些工具一般都是较特殊的刀具，也是其他工具所不可替代的，在使用时须根据不同工具的使用说明，或按要求使用配套工具才行。

图 4.5-4

4.5.5　涂色（色彩）

建筑模型是以运用材料所具有的有颜色及质感来制作。但是，这中间也并不排除对某局部进行相应的着色处理，有时为了统一色调，也采用全面涂色的办法。当然，最理想的做法还是充分利用材料本身的质感及色相进行合理设计。那么，如果要进行涂抹应该选择的是，同一种涂料，而能够涂在不同的材质上为佳。

在涂料中，有水溶性丙烯绘画颜料。这种颜料，可以说是具有明快的色调，并兼有快干性、耐久性、耐水性、附着力强等多种性能的绘画颜料。此外，还有一些在文具店有售的，像油画颜料、水彩、水粉颜料、水彩颜料、照相颜料以及近几年研制的新型织物颜料等，都可用于建筑模型的制作上，除绘画涂料之外，彩色铅笔、油性和水性塑料笔以及马克笔等。总之，凡是能着色的笔类，最好都能依其用途熟练地发挥其应有的作用。

4.5.6 涂色用具（描绘、绘制）

涂色用具分为传统手法与现代手法两类。

传统手法：主要采用笔刷、喷笔、刮刀等方法。

笔刷有笔尖软的，也有尼龙制成的硬性笔，要依涂刷的面积和部位之不同，而选用适宜的类型。也可依据表现方法而分别选用油（彩）笔、水彩笔，日本等国的进口笔均可。

喷笔用具用于小面积的色彩涂刷。喷枪用具则可以对大面积的色调进行整体的处理，这种办法既快效果又好，它可以迅速使模型色调形成，且均匀美观。

刮刀涂色的用具有：绘画刀、刮刀、调色刀、调色盘等。模型除了用笔刷、喷涂之外，局部的地方还可借用绘画刀具来加以细致处理，甚至是借用刮刀来做一些肌理艺术效果，有点像室内装修时所采用的抹灰施工方法。所以在大面积用色时要注意选用大容器调色工具，确保颜色的明度、饱和度和色相的稳定。就容器本身来讲，应尽力备齐不同的型号。

现代手法：目前，大多数采用喷气罐来喷色。它是一种颜色的罐装喷液，使用简便、干净，它以喷雾方式涂色，可以达到喷笔的作用。喷色罐的色彩是固定的，品种多样，目前国内市场均有售（图 4.5—5、图 4.5—6）。

图 4.5—5

图 4.5—6

Chapter5 Ground Rule and Means for Model

第 5 章　建筑模型制作的
程序与方法

第5章　建筑模型制作的程序与方法

5.1　建筑模型制作的程序

建筑模型制作的程序，要根据模型对象的复杂性、规模性、目的性来决定制作的程序。一些小型的模型、方案性的模型等，则程序上可以缩减（或省略）。

一般程序为：

(1) 模型制作计划；

(2) 模型制作准备；

(3) 底盘放样；

(4) 建筑场地（地形）；

(5) 模型构件制作；

(6) 模型整体拼装；

(7) 模型环境氛围调整。

5.2　建筑模型制作的方法

上述的模型制作程序并不是固定不变的，往往要视实际情况灵活行事。实际上，实现模型制作程序的方法也可以是多种多样，下面仅依据通常的做法来介绍建筑模型制作的方法。

5.2.1　模型制作计划

模型制作计划的内容：主要是研究"表现方法"、"比例"、"单件"、"色彩"、"组装"等方面问题，并进行周密的计划。按照"表现方法"来确定制作方针、比例、选用材料以及色彩、组装程序等。模型的比例很重要，因此特别要把握好。如果选择的比例不当，会使人看得不够明白，这也就是我们常说的"失真"现象。这也会直接导致观者的"不信任感"。一般比例的选择是根据不同对象来决定的。例如：城市规划、住宅区规划等类型的建筑模型占地面积大，比例一般为 1：5000～1：3000；单体建筑物常为 1：200～1：50；若是组合建筑物常为 1：400～1：200；不过，通常采用与设计图相同的比例者居多。另外，若是住宅模型，则与其他建筑物的情况稍有不同，如果建筑物不是很大，则采用 1：50 的比例，尽可能把模型做得使人容易看得清楚。模型制作计划中除了确定比例外，还要弄清模型的地形地貌关系（如地形的高差），还需要建立景观印象，通过大脑进行计划立意处理。最后，有必要再做几次模型关键部分的研究分析，接下来就可以着手制作建筑模型了。

5.2.2   底座（模型基座）制作准备的方法

　　模型的大小与底座有直接的关系。由于它们是一种缩放的比例关系，所以在决定模型比例大小的同时，也是在决定底座的大小。一方面要依据建筑设计的实际高度、体量、占地面积的大小，另一方面也要依据委托方（甲方）的要求等相关问题作出综合的决定。比例决定之后，模型的大小就可以确定了。随后便可按底座（模型基座）、建筑场地的顺序开始制作。此时要根据实际大小，考虑把这个模型做成一体式的定型模型，还是做成搬移方便或有利于展出时配合解说的组合式模型。无论是一体式或是可移动式的模型，它们都应该考虑模型有足够强度，这点是不可忽视的。

　　底座的选材，应根据模型的面积而定，大面积的模型底座多采用15mm厚夹板、木方等有一定强度的材料制作，小面积的模型可选用五夹板等较轻的材料。无论是大模型或小模型，都要在底座的边角上做坚固处理，否则，模型搬运时容易出现开裂现象。

　　规划类的模型底盘一般都是采用大型的模型底座，其结构类似建筑构造中梁板结构构成。为配合现代模型的展示要求，往往追求"逼真"的效果，如仿造声、光、烟雾等自然效果。其设备、管线、电器等一般都藏在底座下面（图5.2-1），上面做完道路与绿草坪后钻孔（图5.2-2）预埋管线。

图 5.2-1

图 5.2-2

5.2.3　底盘放样

　　底座（底盘、模型基座）做好了，接下来开始放样。放样就是依据设计图进行等比例地放大或缩小到事先做好的底座（底盘、模型基座）上，确保与原图纸的设计一模一样。放样的方法：一般的情况下，采用打印图纸的办法，直接打印所需要的大小比例的图纸。然后，将打印好的图纸放在底座上，在其背后垫上复写纸，再用圆珠笔按设计的线描绘一遍。这时，底盘放样工作就算完成了。

5.2.4　建筑场地

　　图样放好了，接下来制作建筑场地（地形）。如果建筑场地是平坦的，则制作模型也简单易行。若场地高低不平，且表现要求上有周围邻近的建筑物，则依测量方法的不同，模型的制作方法也有相应区别，故应多加注意。尤其是针对复杂地形和城市规划等较大场地时，先将地形模型事先做成，然后一边看着模型一边进行方案设计的情况较多，因而必须在地形模型的制作上多下些功夫。

　　有一点要注意，不能在地形模型上过多和过细表现，这样容易使建筑物相形逊色。因此，在对地形模型制作时，应允分考虑到对建筑物表现效果，要能够正确处理好模型的主次关系。有时候，由于山地的地形局部较厚，可以直接预埋一些细小的灯光导线在地形的表皮下（图5.2-3）。

图 5.2-3

5.2.5　点景模型制作

图 5.2—4

点景模型件制作，主要是指室外环境的植物、人物、汽车、小品、石景及水景等点景元素，它们的制作方法分别是：

（1）植物、人物、汽车

植物，主要是指树木与灌木。植物的特点基本是由绿色的叶子和树的枝干构成。绿色的叶子可用锯末、海绵、丝瓜瓤等材料来做，树的枝干造形可用粗细不同的铁丝或铜丝等材料去实现。一般在模型中的植物造型有两种：树木与灌木（草丛）制作。人物与汽车（图 5.2—4）在环境中主要是起着点缀与陪衬的作用。以上的点景模型在环境的布置中，所需要的数量比较大，因此要尽量多做一些备用，特别是植物类（图 5.2—5）。

（2）小品

小品类的模型，如亭子、小桥、小型雕塑、站亭、石景以及小型建筑（大门、门房）、构筑物等。这一类的配景件基本上在模型商店有售。有些需专门设计时，就需要亲手制作。采用的材料有石膏、黄泥、油泥、软木等，与纸材、塑料、牙签配合使用方法也可以考虑。图 5.2—6是南京大屠杀纪念馆的雕塑小品模型。

图 5.2—5

图 5.2—6

（3）石景

石景做法：作为石景（图5.2-7）处理，一般可采用泡沫苯乙烯之类表面松软的材料。最好是用工具按压或绘制成石景的效果，用工具可以作出一些凹槽阴线，效果也不错。除泡沫材料外，应善于发现和利用其他材料，如鸡蛋壳等。

石面做法：作为建筑墙面（图5.2-8）、地面（图5.2-9）的处理，一般均采用刻画工艺，也可采用电脑雕刻技术，在ABS胶板材料上雕刻成石块图形，然后在其上面着理想的石材色彩即可。

图5.2-7　　图5.2-8
　　图5.2-9

（4）水景

做法：作为水景处理，水平面不大时（图5.2—10）一般采用象征性的手法，即利用蓝色有机玻璃（或在透明的有机玻璃背后涂蓝色底）衬底即可。水平面较大时（图5.2—11），可采用硅胶做水纹、喷泉的手法。

注意：蓝色有机玻璃的设置一定是在地形的最底层，即铺满整个地形。当然，也可采用局部铺底的做法。这样做，要节约材料一些，但也麻烦，因为考虑材料要比水面大一点才行，切割下来的余料用处不太大。

图 5.2—10
图 5.2—11

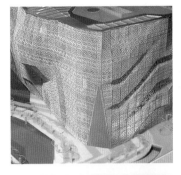

5.2.6　　模型件制作

针对建筑模型表现对象，可分为建筑模型与室内模型，它们在组装前，基本是事先做好每一个组件，然后再进行组装，如同儿童常爱玩的组装汽车模型一样。所以，要注意模型组装的先后关系，以免粘好了又拆除。

1）建筑模型件

由于建筑造型的风格、构造（结构）等关系，除有意设计的构架式建筑之外，结构全部外露者是很少的。即使有，也不外乎是柱、梁或基柱建筑方式之类。在做法上除需要特别强调构架部分之外，一般均可选用与建造物相同的一些主要材料，制作无机质或桧木、软木属方料及圆木，已加工过的木材，或用钢铁骨架来表现，这些都是一种与表现实物相同的做法，效果极佳。

（1）墙面（外墙）

材与表现也直接关系到与其他地方的协调性，或对比性，应引起足够的重视。表现混凝土平面的办法很多，可选用软质木材所具有的柔软粗糙的特性，制成纹理粗糙的模型，来表现平面的混凝土；也可利用泡沫苯乙烯的板面上所固有的粗糙麻面，来表现混凝土；此外，如树皮和胶合板等，其表面看上去很像混凝土的材料，均可用来表现混凝土。图5.2-12～图5.2-16是采用不同的材料与不同的加工方式表现出的效果。

其他还有面砖、石板等对象，可选用粗绢和花纹纸及有浮雕花纹的材料进行表现，也可适当地采用抽象手法。此外，还有一些表面带图案的板材，也可选用来作为对某些墙面的处理。

图5.2-12
图5.2-13
图5.2-14
图5.2-15
图5.2-16

（2）屋顶

若从下面向上看建筑的屋顶和屋檐，不容易看得清，因而不必过多地表现。一般的模型常常出于俯视观望的角度，故屋顶应精心制作。若是建筑较复杂的房屋，就要对模型的表现进行多次研究。平板类屋顶材料：基本上是以筒瓦、机瓦等材料表现不同的建筑风格的，因此这类模型的表现应注意发挥各种材料所具有的特性。这类方案采用模型表现的方法是：

①图5.2—17：采用树枝条。现将树枝条分段，再从中间一剖为二；取一块与屋顶一般大小的夹板，在其上刷一层白乳胶，将1/2枝条贴上去；待贴完后，再用平板重物压上，晾干。待完全干透以后，对边沿进行修整处理，最后，再刷一层光油，晾干，即可备用。

②图5.2—18：采用的是柳条，其方法基本与上述一样。不同的是：柳条的连接采用"龙骨"做法，达到平板屋顶的效果。

③采用电脑刻板技术，采用的是塑料类材料。有透明的、不透明的两大类。图5.2—19为不透明的PVC板；图5.2—20为透明的有机玻璃板；现代的模型方式比较简单，首先雕刻好屋顶瓦面的肌理效果，然后可根据屋顶的大小任意截取，非常方便。当然，还有其他种类的屋顶造形，一般都是根据建筑设计的造形来决定其材料。因为材料不同，加工方法也就不同，其效果也不同。图5.2—21～图5.2—24是通过各种材料所表现的不同屋顶效果。

图5.2—17

图5.2—18

图 5.2—19　　图 5.2—20
图 5.2—21　　图 5.2—22
图 5.2—23　　图 5.2—24

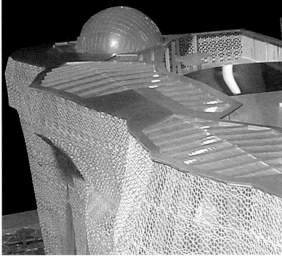

（3）开口部分

影响模型成品效果并起决定性作用的是开口部分的表现，如窗户、出入口、玻璃幕墙等。门窗洞口是模型视觉表现的重要部分，如果没有表现好，就像没有设计好建筑一样。所以，即便用无机单一材料制作时，如何处理窗户洞口也是重要的。玻璃面部分用有机材料和塑料等，使内部空间能被看见，当然也可完全用不透明材料制作。由于选用的材料不同，故在制作时所用的工时、精度及展示方式都有一定差别。这些均应在计划中事先决定下来。此外，在玻璃占主导地位的建筑物中，如镜面玻璃和玻璃幕墙设计的建筑物，其幕墙的框架处理和玻璃表现将会对模型质量起决定性作用，所以要注意处理时的精致效果。

开口部分的表现方法：

以玻璃为底板，将雕刻好的能模拟幕墙的窗樘素材直接粘贴在其上，这一方法效果很好，但对于手工技巧要求很高。目前，幕墙窗樘基本上采用电脑雕刻的方式。如果仅是表现窗洞的，方法就简单一些。图 5.2—25 为电脑刻板，图 5.2—26 为人工刻板，图 5.2—27 为电脑刻板，图 5.2—28 为人工刻板。

图 5.2—25　图 5.2—26
图 5.2—27　图 5.2—28

建筑模型装饰附件是指主体建筑上的突出物，如阳台、阳台扶手、雨篷、台阶（踏步）、女儿墙以及依附建筑上的装饰物（构件）等。这些附属件需要单独做。把建筑场地、框架、墙壁、门、窗（洞口）等这些主要部分的表现方法确定之后，下一步就是遮阳板（雨篷）、阳台、阳台扶手、女儿墙、坡屋顶等这些细部的模型表现。这些附件模型的表现如果做好了，也就能使该建筑模型成为高度精细的作品。所以，对此特别地提醒您注意：不能只对一些局部的表现过于精细而造成了整体模型上的不平衡。因此，对细部的表现刻画，要有目的和整体精度相协调的意识，控制使其适当而不过分。

为使模型能够对城市规划、建筑设计、住宅小区、建筑物等与周围的环境关系有更深一层的了解和比较，可采用某种形式对室内进行表现，同时也对外部空间与内部空间的相互关系进行比较，例如店铺和私人住宅等，这样不仅可以直观分析建筑外部与室内的连续性，也可掌握建筑物主体和空间比例感。

图 5.2-29 为俯视的大堂室内空间；图 5.2-30 与图 5.2-31 表现住宅建筑与小区空间的关系；图 5.2-32 表现了建筑的室内空间与外部空间交流的环境氛围；图 5.2-33 中表现透过玻璃幕墙的室内空间效果。

图 5.2-29
图 5.2-30　　图 5.2-31

图 5.2—32
图 5.2—33

2）室内模型件

（1）造型：家具模型件的制作要严格控制模型的比例关系，否则，模型的表现不够"逼真"。因此，要注意把握家具的造型比例准确。图5.2—34按比例绘制室内平面图；图5.2—35根据比例裁剪家具模型的材料；图5.2—36制作家具模型；图5.2—37根据平面图调整家具尺度；图5.2—38将做好的家具放在一起，避免丢失或损坏。

（2）上色：给做好的室内陈设造型物上色。所有的室内模型件做好后备用，如图5.2—39。

图5.2—34　　图5.2—35
图5.2—36　　图5.2—37
图5.2—38　　图5.2—39

5.2.7　模型拼装制作

1）建筑模型

建筑模型拼装制作过程：

（1）图5.2—40建筑模型基础部分的裙楼、门窗等的拼装；

（2）图5.2—41建筑模型主体部分的阳台、门窗等的拼装；

（3）图5.2—42建筑模型屋顶部分制作与拼装；

（4）图5.2—43建筑模型女儿墙拼装；

（5）图5.2—44将做好的建筑模型主体部分，暂时安放在按比例打印出的建筑平面图上。

注意：建筑模型件组装时，应该注意粘结缝清洁、整齐、精细等要求。

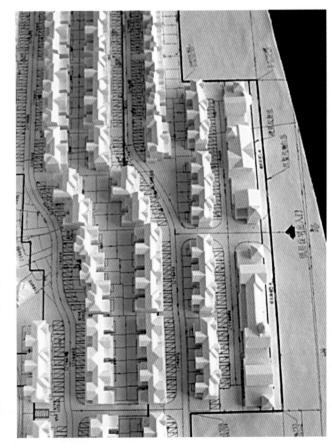

图5.2—40
图5.2—41
图5.2—42
图5.2—43　　图5.2—44

2）室内模型

室内模型拼装制作过程：

（1）根据室内设计平面图和模型使用目的，采用 5mm 厚亚加力板（ABS 胶板）制作分户隔墙及墙面装饰，如图 5.2—45 所示；

（2）根据室内设计的要求，按比例选用相适应地面色彩，如图 5.2—46 所示；

（3）将事先做好的家具摆放在做好的室内空间中，如图 5.2—47 所示，图 5.2—48 细部处理。

注意：室内模型拼装时，除了要注意家具的尺度比例外，还要留意选用的陈设图案比例、装饰物尺度比例等与空间环境的匹配关系。家具与陈设是室内拼装效果优劣的关键，所以，要避免采用大花型的织物、印刷图案来装饰，主要是通过色块之间的搭配关系来实现。（图 5.2—49 ～图 5.2—55）

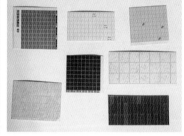

图 5.2—45　　图 5.2—46
图 5.2—47　　图 5.2—48

图 5.2—49　　图 5.2—50
图 5.2—51　　图 5.2—52
图 5.2—53　　图 5.2—54
图 5.2—55

5.2.8　环境氛围调整

　　建筑模型的主体完成以后，接下来是加强建筑模型的环境氛围，可以通过配备植物、调整色彩、加强灯光或者烟雾等来调整。图 5.2-56 采用装饰性的手法表现，打破人的视觉习惯（绿色的树），采用白黄色纤维丝象征绿色的植物，金属丝象征枝干效果；图 5.2-57 采用写实的手法表现；图 5.2-58 将金属丝染成白色，配合深色的地面，其效果同样感到生气盎然；图 5.2-59 利用灯光加强了环境氛围；图 5.2-60 利用氮气创造一个真实的环境氛围。

图 5.2-56　图 5.2-58
　　　　　　图 5.2-59
图 5.2-57　图 5.2-60

Chapter6 Skill for Model

第 6 章　模型制作技巧

第6章　模型制作技巧

6.1　建筑场地（地形）模型制作技巧

在表现场地环境中的高低差较大模型时，一般采用装饰性与写实性的两种手法来表现。

6.1.1　装饰性表现技巧

以简洁、概括的手法，象征性地表现地形。按照规定的比例以及地形等高线，将板材（木板、泡沫板、厚纸板均可）切割成一块块的等高线形状。然后，将这些切割好的等高线形状板材，采用多层粘贴成如同表现"梯田"一般，且忽略自然地形中的细节部分（图6.1-1、图6.1-2）。这一手法比较适合表现地形变化大的环境，如果变化不大，仅有一点点坡度感时，则可以考虑采用写实性表现。

图6.1-1
图6.1-2

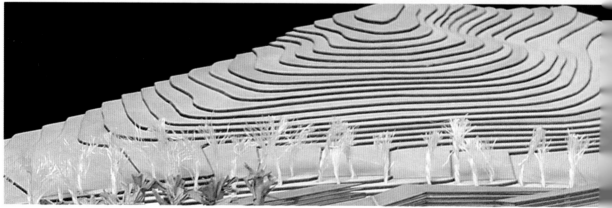

6.1.2　写实性表现技巧

图 6.1-3 是以仿真、写实的手法表现自然环境的地形。为了减轻整个模型的重量，一般采用泡沫板材作为填充物，然后在其上面覆盖装饰物的做法。具体的方法是：按地形图上的等高线，将泡沫板材按自然地势形状切割近似等高线的层板，并多层粘贴。然后在上涂胶水，铺上纱布，再将石膏（石膏粉与水调合后）填上。与此同时，还要注意对自然地形的塑造。等造型完成后，在其上面涂胶水，撒上彩（绿）色粉末，或喷色彩，或插上（种）植物（灌木、大树）等。这一手法主要用来表现地形特色的环境。当然，不同的材料要求相应的工具来加工。如软木板材料的做法，可用尖刀雕刻流畅的曲线；泡沫材料或苯乙烯纸（吹塑纸板或 KT 板）等材料的做法，可用电池或热切割器切割成流畅的曲线。

图 6.1-3

6.1.3　地面的艺术处理

当底盘地形有了基本雏型之后，接下来要进行地形的表面处理，即通常所说的地面艺术处理。这时候充分考虑整体关系，以及与道路、铺地、青苔、水面等的处理手法，同时还考虑到建筑物室内外景物的相互关系。可以说模型制作的始终都要注意建筑物与周围环境的对比协调关系。从而做到主题鲜明、突出，和谐。虽然地面处理的内容比较多，但在基本的做法上大概可分为装饰性表现与写实性表现两大类。不过，依据模型的比例关系、模型的选材关系，模型制作的精细程度以及追求的目的不同，其效果也不同。如图 6.1-4、图 6.1-5 为写实性表现效果，图 6.1-6 ～图 6.1-8 为装饰性表现效果。

图 6.1—4
图 6.1—5
图 6.1—6　　图 6.1—7
图 6.1—8

1）草坪做法

草坪，又称为草皮、青苔。面对这类的地面处理，要根据不同的内容要求，需要进行恰到好处的设计与艺术处理，不应绝对化。其一般的做法，如图6.1-9～图6.1-13所示。

图 6.1-9　　图 6.1-10
　　　　　　图 6.1-11
图 6.1-12　　图 6.1-13

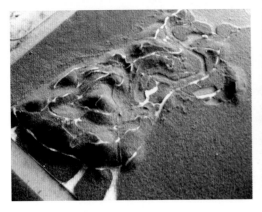

具体的步骤：

①根据模型底板平面图上所反映的草坪位置，在其上先涂上白乳胶，如图 6.1－10 所示；

②然后撒上色粉（表示绿化草坪）。上完色粉后，晾干。图 6.1－11 是城市道路与绿化做法，图 6.1－12 是园林道路与绿化做法，图 6.1－13 是细部特写镜头。

当然，做草坪的方法也不仅仅如上所示，还可以采用其他的简便手法来表现，如：

（1）假如选用泡沫苯乙烯之类的表面粗糙的材料作为草坪时，可以直接着绿色即可。

（2）假如选用胶合板、薄塑料之类等表面光滑的材料，则应先在表面涂一些水溶性胶粘剂，或者将材料表面处理毛涩之后，再进行着色处理；

（3）假如是表现概念类的模型，可以采用装饰的手法来表现，因为这是并不强调具体的绿化景观，如图 6.1－14 所示。

以上这些是创造地坪的一般手段，供参照使用。

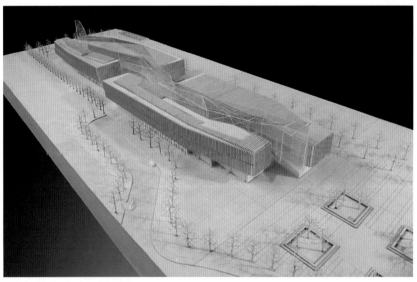

图 6.1－14

2）水面做法

如果是面积很小的水面，则可用简单着色法处理；若面积较大，则多用玻璃板或丙烯之类的透明板，图 6.1－15 采用蓝色有机玻璃的做法；图 6.1－16 采用透明有机玻璃，在其下面贴色纸的做法。也有直接着色，以表示出水面的感觉；假如是表现概念类的模型，可以采用抽象性手法来表现，无需写实性的表现，同样可以达到水面的效果。如图 6.1－17、图 6.1－18 所示。图 6.1－19 是装饰性表现，利用蓝色涂料表示水的感觉。

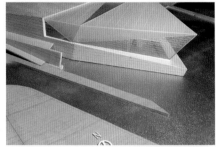

图 6.1—15　　图 6.1—16

图 6.1—17

图 6.1—19

　　　　　　图 6.1—18

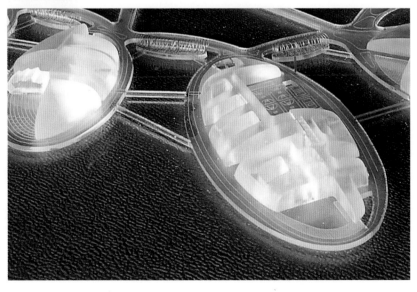

3）道路做法

道路可以分为城市道路与园林道路。尽管都属于道路，但在使用目的上有着明显的不同。在做法上也略显不同。当模型中需要表现城市道路、园林道路以及广场地面的效果时，首先要注意各功能空间的色彩（调）关系，其次是质感表现。

（1）城市道路做法

简单的表现方法：在底盘上直接着色或粘贴胶带（不干胶）即可。

复杂一点的表现方法：当表现的对象为小规模的模型，并要求表现出道路与人行道时，其做法可以采用软木板、纸板或织物等薄板型材料贴在道路的两边，在通过上色以示区分道路与人行道的关系。不过，上色也要注意色彩（调）的关系。

图 6.1-20 是写实性表现，为城市道路的通常做法；图 6.1-21 是采用装饰性做法，图 6.1-22 是采用抽象性做法，即与建筑的用材（用色）一致。

图 6.1-20
图 6.1-21

图 6.1—22

(2) 园林道路做法

由于园路是处在园林中的道路，它与城市干道的道路形式不同，曲曲折折，或是仅属于人行走的道路，通常称之为"园路"，也叫小路。对这一类的道路做法，一般的情况下会采用涂色、白砂砾、黄砂砾以及鸡蛋壳等材料，有时候也可以采用木（铁）砂纸剪贴。木（铁）砂纸主要是利用它的肌理效果，分为粗细不同的规格。可根据需要裁剪下所需要的道路形状，然后，在将其粘贴在规划的图形上。图6.1—23、图6.1—24中表示出了园林道路的不同效果。

图 6.1—23

图 6.1—24

6.2   点景模型制作技巧

给模型里摆放点景有两种情况：一种是用人、车等表现出比例；一种是为了说明建筑物周围的状况，道路与建筑用地之间的关系，表现邻近建筑物、树木、花草、人、车以及与其他各方面的关系。表现方法也同其他部分的一样，有抽象的表现法和具象的表现法。总之，对建筑物的表现仍然是主要的，把它抽象化也好，具象表现也好，作为点景的安排，都应该紧紧围绕和突出建筑主体的目的。树木的表现方法中除了用真的树枝之外，儿童玩具和身边的物品都可以利用。这就需要我们日常注意细心收集，在具体运用时按具体实物比例合理处理。

6.2.1   植物类

如果说建筑物是主景，则点景就是配景，配景若不逼真形象，主景则很难引人入胜。但是，配景若过于显眼夺目，主景就会被削弱，造成配景强于主景，这样易造成喧宾夺主，或是主景淡化等不利因素，所以制作时要特别引起重视。有时点景物象，如人物和车辆可以用来表示比例关系。当然，主要的作用还在于对建筑周围关系的创造，创造富有生活气息的环境氛围，从而使模型更加生动、亲切，增强艺术感染力。

目前模型材料市场上有出售植物类的配景模型。在专业的模型公司里，植物类的造型基本上采用三种做法：购置成品（图6.2-1）；图6.2-2中的枝干是塑料制成的半成品，需要再次加工，上树叶（图6.2-3中的锯末）造型才算完成 图6.2-4是采用多股细钢丝分叉造型制成树干，然后再上树叶，树木造型才算完成。

下面仅介绍自己动手制作植物类的模型。这类表现方法有二：一是写实性表现；二是装饰性或是抽象性表现。

图6.2-1   图6.2-2
图6.2-3   图6.2-4

1）写实性表现基本技巧

在写实性的表现时，要注意表现植物姿态的造型，严格控制比例关系，以利于更好地表现植物外貌特征，从而达到形似感觉效果。所以，在选用的材料中，绿色叶子部分的造型基本上采用锯末（图6.2—4）、海绵（撕成碎末）、丝瓜瓤（撕成碎末）等材料来做；枝干部分的造型，可以利用天然的（晾晒干的）细树枝（1：50以内）或采用粗细不同的不锈钢丝、铜丝、铁丝（1：100以上）等材料去表现。当然，要注意植物的造型特点去选用相应的材料表现。写实性的表现植物模型的制作技巧。

树木的特点：树木的造型是由绿色的叶子和枝干构成，因此，首先准备这两样基本材料。

第一步：不论是哪一种绿色植物，均需要准备植物的绿色材料，而且要多准备一些备用。不过，值得注意的是：一般的情况下，由于模型的比例不同，在对仿树叶造型材料上的选择也有不同之处。大致是1：50以内采用丝瓜瓤，1：100以内采用海绵，1：100以上采用锯末材料。所以常用的材料是锯末。将锯末清理一下，除去大块的杂质；再用广告色（或丙烯颜料）调制成绿色的水剂；然后将锯末放入绿色的水剂中进行染色（水分不宜太多，避免难以干燥，以及颜色被冲淡）；最后，再进行晾晒（也可以采用吹风机吹干）待用。要注意锯末的干湿色彩效果不同：湿的锯末颜色较深，锯末干了以后，色泽变浅了许多。所以，在调制色剂时要随时注意根据建筑模型的整体关系要求来调整色彩的深浅。图6.2—5是地面浅色，树为深色。图6.2—6是地面深色，树为浅色。

第二步：植物的枝干造型。一般的情况下，由于模型的比例不同，在对仿树枝造型材料上的选择原则是：1：50以内可采用天然的树枝，1：100以上时，可选用牙签、不锈钢丝、丝瓜瓤（图6.2—7）等材料。目前，市场上还有专门出售半成品的模型树枝。树叶材料基本采用锯末，或是采用色粉。

图 6.2—5
图 6.2—6
图 6.2—7

下面介绍几种植物模型的制作方法：

(1) 一般树木的做法：(图 6.2—8a ~ f)

①将（天然的树枝或不锈钢丝）材料，按比例剪切成大约高度，如图 (a)；

②根据树的造型，塑造成一棵树，如图 (b)；

③由于在模型中所需要的树较多，可以将做好的枝干造型先插在泡沫板上存放，待用，如图 (c)；

④枝干造型全部做完后，就开始在凡是树枝上准备做树叶的地方挂（涂、沾）上白乳胶，如图 (d)；

⑤然后，往涂有白乳胶的树枝上撒一些锯末，或在锯末中打一个"滚"即可，如图 (e)；

⑥最后将做好的模型树再插回原来的地方，晾晒，待用，如图 (f)。

注意：要留意做好的植物模型准备如何固定在模型的"地面"上，如图 (g) 采用削尖模型杆插入"地面"。

图 6.2—8(a)
图 6.2—8(b)
图 6.2—8(c)　　图 6.2—8(d)
图 6.2—8(e)　　图 6.2—8(f)　　图 6.2—8(g)

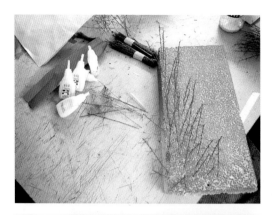

（2）竹子的做法：（图6.2—9a～d）

①造型，如图（a）；

②涂胶，如图（b）；

③挂绿，如图（c）；

④晾干，待用，如图（d）。

（3）棕榈树的做法：（图6.2—10a～d）

①采用半成品的棕榈树，如图（a）。在模型树端头上涂胶，如图（b）；

②撒上咖啡色的棕须，如图（c）、（d）；

③插在泡沫板上晾干，待用，如图（e）。

图6.2—9(a)

图6.2—9(b)

图6.2—9(c)

图6.2—9(d)

图 6.2—10(a)　图 6.2—10(b)
图 6.2—10(c)　图 6.2—10(d)
　　　　　　　图 6.2—10(e)

（4）灌木

灌木（草丛）制作方法: 选材。制作灌木（草丛）的材料最好采用丝瓜瓤、海绵（图 6.2—11a），图 6.2—11(b) 将剪碎的海绵染色、晾干，待用。如果比例太大（1 : 300 以上）不必要；1 : 300 以上的模型制作，大多数是采用锯末材料(图 6.2—3)。依据配色的需要,色彩可以染成多种多样,表现灌木,具体步骤是:

①灌木不需要表示枝干，所以，先将作为灌木用的材料进行染色，各种色彩都要有才好。因为在模型中需要的量少，故色彩鲜艳点没有关系，仅是为了点缀而设;

②在准备布置灌木的地方涂万能胶，如图 6.2—12(a) 所示;

③先用白乳胶将锯末粘在一起，再用筷子造型，如图 6.2—12(b) 所示;

④根据需要将不同色彩的锯末塑造在所需的地方，如图 6.2—12(c) 所示。

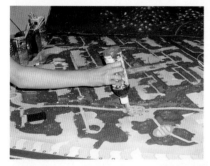
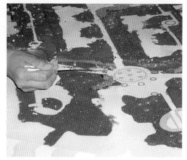

图 6.2—11(a)　　图 6.2—11(b)
图 6.2—12(a)　　图 6.2—12(b)
图 6.2—12(c)

2）装饰（抽象）性表现基本技巧

采用装饰（抽象）性的表现方法时，要注意表现植物的神似效果而非真实再现效果。装饰（抽象）性表现的关键取决于材料的本身与树木装饰性造型的完美结合，因此要注意充分利用材料自身特点和应用恰到好处的表现方法。装饰性特点：概括、简略、神似，即抓住树木的轮廓造型与材料的可塑性即可。下面介绍有关装饰性树木表现的几种方法，也许我们可以从以下的实例中得到某些启迪。

由于采用的材料不同，表现的形式也会不同，当然其效果也就会大为改观。

（1）采用大约1cm厚的海绵材料：首先将海绵染色，然后再将其周边修剪成平面的绿化图形即可，如图6.2-13(a) 所示；

（2）采用大约0.3cm厚有机玻璃材料：首先要确定树的大小；其次要先铺设象征性的绿色草地；然后再布置装饰性的树木（图6.2-13b）。

（3）采用石膏材料：利用石膏的可塑性，制作装饰性的圆球形树木造型。图6.2-13(c)中的树木造型效果是为建筑色调的统一制作成仿木质效果的树木，让人们同样感受到绿色树木的存在。

（4）采用木质材料：木材是一种可塑性很强的材料，加工的方式、工具不同其效果也不同，图6.2-13(d)、(e)中的装饰性的树木造型是采用车轱辘的加工方式得到的效果。

图6.2-13(a)
图6.2-13(b)
图6.2-13(c)
图6.2-13(d)　　　图6.2-13(e)

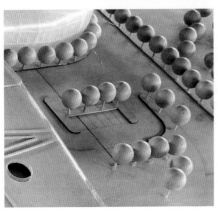

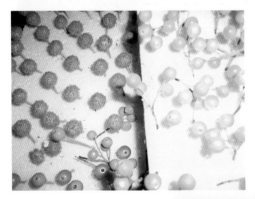

(5) 采用废旧材料：如图6.2—14(a)是采用吸管废旧物。利用吸管材料的特点，将吸管剪成具有装饰性的树枝造型，恰到好处地表现了线状造型的树木。

(6) 图6.2—14(b)是利用玻璃纤维、牛皮纸、亚麻等制作树木模型，尽管是白色、黄色、深黄色的不同色彩、不同造型的树木模型，同样具有很强的装饰性。

(7) 图6.2—14(c)是利用塑料制品的串珠粒制成的装饰性树木。首先，将串珠粒染成绿色；然后在中间插上一支牙签，涂上立时得胶，粘上锯末，晾干，即成为一棵漂亮的树木。还可以利用亚麻、色纸等材料制作树木同样可以获得很强的装饰效果。

(8) 采用纸板材料：将纸板裁剪成装饰性的树造型（图6.2—14d），主要表现树的轮廓与体积感。

图6.2—14(a)
图6.2—14(b)
图6.2—14(c)
图6.2—14(d)

（9）采用天然的干树枝、树根、干果实、干花朵等直接作为建筑环境的配景，如果比例采用得当一样能获得良好的效果，如干树枝（图6.2—15a）、干树根（图6.2—15b）、干树果（图6.2—15c）、干花（图6.2—15d）等。

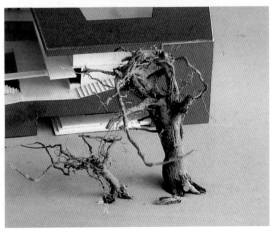

图 6.2—15(a)　　图 6.2—15(c)

图 6.2—15(b)　　图 6.2—15(d)

(10) 植物配景应用原则

① 突出主题。以突出建筑为目的，植物配景处在从属地位，不要夸大植物配景，如图6.2—16(a)；

② 烘托主题。植物配景应以加强环境氛围，品种不宜太多（造型、色彩），如图6.2—16(b)；

③ 巧用材料。利用各种可能利用的废旧材料，减少资金投入，提高艺术品味，如图6.2—16(c)；

④ 比例适中。不论采取何种材料表现植物配景，均要以适当的比例加以控制，如图6.2—16(d)。

图6.2—16(a)　　图6.2—16(c)
图6.2—16(b)　　图6.2—16(d)

人物可以作为环境点缀、比例尺的作用。故在制作模型时，模型尺寸要准确，在布置上要注意位置得当。模型人物常摆在建筑的出入口、广场的中心地带、街道的附近等。总之，摆在建筑模型的视觉中心为好，能表现出比例感，能烘托环境气氛。对于人物模型的做法主要有两种：

一是写实性人物表现。一般采用泥塑、雕刻的方法。由于在模型表现中所需要的数量较大，所以可以利用模具翻制人物模型，然后再涂上不同的服装色彩。如果做出不同动态造型的模型人物来更佳。目前市场上是采用塑料材料翻制人物模型（图6.2-17a）。具象的表现，还可以把杂志上的人物照片贴在厚纸上或软木属木材上，再剪切下来（在背面用大头针插入模型上，然后粘贴固定好）。

二是抽象性人物表现。一般只注重人物外形的抽象表现，忽略动态与表情。所以常采用的模型制作方法以平面造型为主，剪出人物的外形轮廓即可。当然，采用何种材料制作模型人物，这要依据建筑模型所采用的材料以及建筑模型的造型风格而定。如图6.2-17(b)中的人物模型造型是采用的材料与建筑使用的有机玻璃材料一样。图6.2-17(c)、(d)中的人物模型造型选材分别为木材，彩色纸板（纸板上色也可）。

巧用的材料。不论是铁丝、板材、金属板还是纸材等均可，切割成人形，注意比例、环境关系。

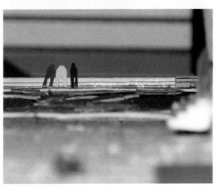

图 6.2-17(a)
图 6.2-17(b)
图 6.2-17(c)
图 6.2-17(d)

人物模型原则:

① 人物模型的选材与建筑、环境要保持协调性(图 6.2-18a);

② 人物模型的造型简洁(图 6.2-18b);

③ 人物模型的比例适中(图 6.2-18c);

④ 人物模型的布置合理(图 6.2-19)。

 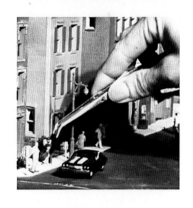

图 6.2-18(a)　　图 6.2-18(b)

图 6.2-18(c)　　图 6.2-19(a)

　　　　　　　　图 6.2-19(b)

6.2.3 汽车类

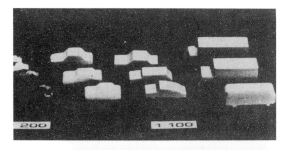

汽车与人物同样都是用来表示比例的参照物，故对其比例也应注意，但尺寸不必像人物那样精确，色彩也可根据模型的主调进行设计处理。市面玩具店卖的模型小汽车，在选用时，要看清车体下部所标的比例数码，选用时做到能够与建筑物模型的比例相接近即可（图6.2—20）。图6.2—21是目前市场出售的车模，造型品种很丰富，选择范围更大。

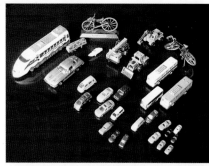

制作简易车模方法有：

大量制作铸铝模型汽车或黏土、石膏车模方法。将黏土（泥）浆或石膏浆注入用黏土或石膏制成的阴模内，可制成小汽车模型（图6.2—22）。按此方法还可以制作人物模具，进行大批量的"生产"。

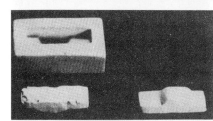

不过，金属车模与黏土、石膏车模的模具要求不同，金属车模的温度高，应该选用钢模；黏土、石膏车模几乎不考虑温度问题，可采用石膏模具即可。

模具的制作方法：采用油泥或黏土。首先，油泥或黏土制成一个长方块体，然后再将车模倒置在油泥或黏土制成的长方块体上，并用力向内按压平实，车辆的阴模制成。人物模型也可以采用这一方法。

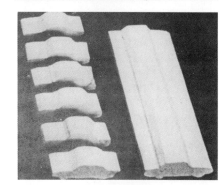

图 6.2—20
图 6.2—21
图 6.2—22
图 6.2—23
图 6.2—24

注意：为了脱模方便，在注入黏土（泥）浆或石膏浆之前，最好先涂刷一层肥皂水。脱模以后，还需要简单的修饰方可。

另一种大量制作车辆模型的方法。把木材或其他软质材料（石膏、发泡塑料），由方料切削成与小汽车的则面形状及长度比例相同的形状，然后按不同车型的宽度比例切割成一台台的车模。这样就制作出了简易的车模。制作简易车模的方法如图6.2—23、图6.2—24所示。

6.2.4　小品类

小品类的模型，主要采用雕刻与模具的方式制作。其材料有石膏、黄泥、油泥、软木以及与其他辅助性的材料配合使用，如牙签、纸材等。小品类的作品表现一般是采用写实性的表现，但有时候也可以采用抽象表现，其效果也不错。从某种意义上来看，模型的真实性不在它是否相像的问题，关键在于相处在一起时的比例关系是否得当。

图 6.2-25(a)是表现环境中的休闲设施，如亭子模型、景观的宝塔、石景和水景；

图 6.2-25(b)表现的是太阳伞、廊架以及公共环境中的家具；

图 6.2-25(c)表现的是南方传统造型的凉亭；

图 6.2-25(d)表现的是现代设计的凉亭造型；

可以采用泥塑、上色的双层屋顶的亭子造型；也可采用模具翻制的方法进行制作模型。方法是：先用红萝卜雕刻成亭子的造型，再利用石膏将雕刻的亭子翻制成亭子模具。等模具干透后，采用油泥或石膏翻制即可。如果在模型中所需要的亭子数量不多的话，也可以到市场上去购买。

图 6.2-25(a)

图 6.2-25(b)

图 6.2-25(c)

图 6.2-25(d)

图 6.2—26(a)、(b)、(c) 表现广场中的铺地、建筑凉亭、景观水景、泳池等；

图 6.2—26(d) 表现广场中的大门造型；

图 6.2—26(e) 表现环境中的立柱、景观小品造型；

在商业性的建筑模型表现中环境氛围的提升尤为重要，图 6.2—27(a)、(b) 是模仿现实中的环境而表现的，利用纤细的钢丝作为固定与连接的方式，再加上彩色的"气球"与"飘带"，顿时烘托了此处的商业气氛。

为了使环境表现更加"逼真"，路灯的表现也都不忘记，如图 6.2—28。不过，由于需要的量较大，又由于模型的"比例"上的严格性（"逼真"是关键），所以一般情况下去市场购买现成的模型。不过，作为习作性的模型是太贵了。建议如果自己制作时，要注意灯具与环境比例的关系，或者忽略不做。

图 6.2—26(b)　　图 6.2—26(a)
图 6.2—26(c)
图 6.2—26(d)
图 6.2—26(e)

图 6.2—27(a)

图 6.2—27(b)   图 6.2—28

6.2.5　石景类

立体类的石景造型做法，主要采用手工泥塑（雕刻）加塑色（涂色）技术完成。

图6.2-29是采用进口的黄石膏（或采用国产石膏塑色成山体色也可）进行山地造型、喷胶、撒绿色色粉，再喷胶固定。在有些地方采用锯末堆砌成灌木造型，使之效果更加"逼真"。

表现石景环境往往是与水景联系在一起，如水池岸、小溪流岸边等。图6.2-30是采用石膏、棉纱网（仿山体丛林效果）、塑色的办法造型，然后采用硅胶塑造水体造型，达到水的质感效果。图6.2-31是表现水与石块的造型效果。

平面类的肌理效果做法：基本是采用了电脑雕刻和涂色技术，所选用的材料为PVC（ABS）板材，表现环境中的石点景（图6.2-32）、石墙、石基础6.2-33）、石材铺地（图6.2-34）等。作为墙面图处理，一般可采用表面松软的材料，利用工具按压或绘制成石墙的造型，再根据所需的颜色效果涂色。也可采用工具（铁线笔）作出一些凹槽阴线再涂色，效果也不出错。除此以外，应善于发现和利用，如鸡蛋壳等一些有机材料，也许更适宜表现墙面、地面。

图6.2-29

图6.2-30

图 6.2—31　　图 6.2—33
图 6.2—32　　图 6.2—34

6.2.6 　水景类

1）景观水池

（1）规则式（图6.2–35～图6.2–38）：

图6.2–35 几何形的叠泉

图6.2–36 规则形的叠泉　　图6.2–38 喷泉景观

图6.2–37 规则形的喷泉

（2）自然式（图 6.2-39、图 6.2-40）：

图 6.2-39 仿自然湖
面景观
图 6.2-40 水面景观
夜景

水景类表现，若希望水有动感，可利用白乳胶掺立得粉调制，采用尖嘴瓶口挤出（造型），晾干后，按照喷泉形式造型，看起来给人一种水流动的效果，图6.2—41是采用仿真水面胶，做出水纹效果的方法。

2）休闲泳池（图6.2—42）

图6.2—41

图6.2—42(a) 自然式泳池

图6.2—42(b) 规则式泳池

6.2.7　游艇基地模型表现

　　由于游艇基地这种建筑物有着鲜明的特征，故模型应使人能够对地形条件一目了然。该模型是综合材料制成，背景、道路用吹塑纸板，海面也用吹塑纸，在粗面直接着色。建筑物用带有色调的轻木类材料，石围墙为有色的纱网所制，比例尺为1：1000。图6.2—43～图6.2—45是一组表现游船、水岸、码头的景观模型。

图6.2—43
图6.2—44
图6.2—45

6.3 利用材料巧制模型

6.3.1 用纸材制作建筑模型

纸质材料：通常为厚纸型。彩色或白色的纸板、卡纸、瓦楞纸以及马粪纸等，一般以白色板纸为佳，也有一些表面存在不同纹理的厚纸，都是制作建筑模型的极好材料。另外，也可去文具纸张店去找自己想利用的厚板纸、灰板纸等（图6.3—1～图6.3—9）。下面介绍用纸材制作模型的方法。

将做好的建筑模型件，按照平面图进行组装，如图6.3—10～图6.3—16所示。（本小节图片由邓伟李同学提供）

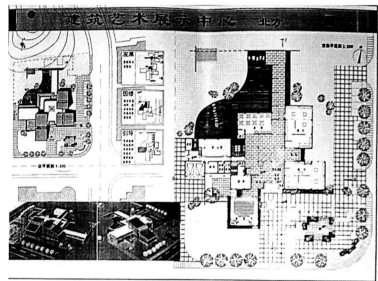

图6.3—1 准备好建筑设计图纸

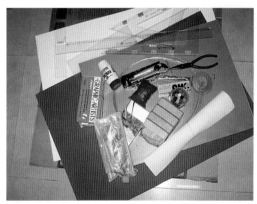

图6.3—2 所用的工具与材料

图6.3—3 按原大放样

上左图 6.3-4 用刀切割模型件
上右图 6.3-5 切割 45° 有利于拼接
中图 6.3-6 备齐所有的模型件
下左图 6.3-7 画出外墙饰面图案
下右图 6.3-8 在每一块模型件的背面涂上乳胶

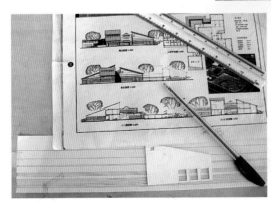

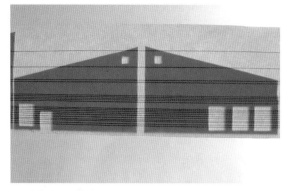
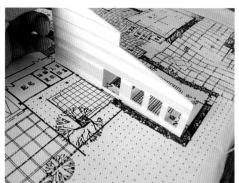

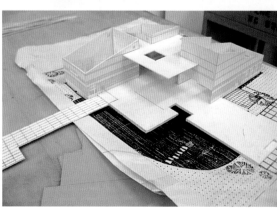

接下来,根据建筑设计图纸中的屋顶平面设计要求,采用白色纸板做底(因为需要露出屋顶的白色边),再用红色厚纸贴面(采用手术刀切割边缘效果较好),如图6.3—17所示。将做好的屋顶模型件组装在建筑模型顶部(图6.3—18)。然后,将建筑模型放在事先做好的底座上(图6.3—19),准备制作环境。

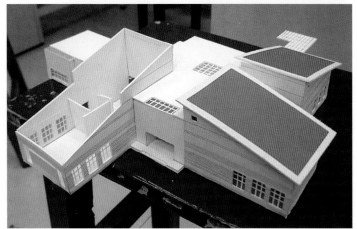

图6.3—17
图6.3—18
图6.3—19

图 6.3—20，将海绵剪碎、染色、晾干；

图 6.3—21，首先在布置绿化的部位上，涂刷一层白乳胶；

图 6.3—22，撒上绿色的海绵碎末，并用纸板轻轻按压、拍打、压实即可；

图 6.3—23，然后点石布景；

图 6.3—24，喷胶固定；

图 6.3—25 ～图 6.3—27 为模型完成建筑模型效果。

图 6.3—20   图 6.3—21
图 6.3—22   图 6.3—23

图 6.3—24
图 6.3—25
图 6.3—26
图 6.3—27

6.3.2　用木材制作建筑模型

1）软质木材

软质木材属于航空模型材料。灵活运用轻木类木材所具有的柔软材质感及加工方便的特点，可以做出各种不同的表现效果来。但是，在加工时如果不注意精心处理，则往往会直接影响整个模型成品的最终质量。因此，在切割薄而细的软木材板料时，要尽可能使用薄形刀具，特别是细小的软木切割应使用安全刀片精心切下。如果切割范围很小时，应在木材下面贴上一层透明纸带，这样做可以增加其强度，使切割不受影响。在切割拐角和接头处时，应选用45°的拐角尺切割。

在粘贴时，要处理好接缝的部位，尽可能不出现缝隙。

在组装时，要精确地量准直角、垂直、水平等尺度分寸，以保证模型的正确角度。图6.3-28中的建筑模型是采用软质木材，忽略建筑材料质感，力求表现木质的亲切感。图6.3-29的环境表现同样采用了软质木材，效果也不错。

2）硬质木材

硬的木材纹路规整，强度好，表面美观。在形状尺寸方面，也容易定型。一般硬木类材料中，多选用桧木方料及圆木材料。硬质木材适合建构性很强的建筑模型制作的特点，表现建筑的骨架之美，可将其作为装饰来进行表现。在做法上，可以大量地使用具有标准尺寸的材料，这样对制作各种模型都显得非常灵活。图6.3-30是采用硬质木材（三夹板）制作的别墅建筑模型，图6.3-31是别墅建筑模型的局部。图6.3-32是采用硬质木材，手工表现建筑雨篷局部结构；图6.3-33是采用硬质木材，电脑雕刻表现建筑墙面效果。

图6.3-28

图6.3-29

图 6.3—30
图 6.3—31
图 6.3—32　图 6.3—33

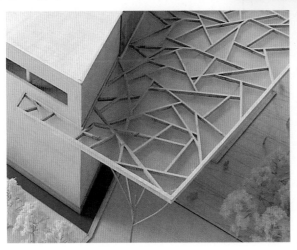

6.3.3　用泡沫苯乙烯制作模型

　　泡沫苯乙烯材料的发展，给建筑模型制作领域带来了巨大的革新。就建筑模型来讲，可以说泡沫苯乙烯材料，无论在加工性能方面或经济性方面都具有优越性。其品种繁多，便于选择。因此，模型制作可按使用的目的进行选择。

　　用块料制作模型。灵活运用泡沫苯乙烯所具有的无机质特点，制成各种各样的模型，它会给人们增加许多遐想。图 6.3—34、图 6.3—35 是采用多层板料（5mm 厚）粘贴成的建筑模型。不过，无论是泡沫苯乙烯的块料还是板料都适合概念类的建筑设计方案表现。

图 6.3—34
图 6.3—35

6.3.4　透明材料制作模型

　　采用透明材料制作模型，一般适合表现研究性的建筑模型类，因为不需要表现具体的细节。图 6.3-36 中的有机玻璃板材料，实际上，有机玻璃材料的品种多样：有色的、透明的以及不透明的，还有刻花的等。图 6.3-36 所示，是将有机玻璃板切割成多层模型件贴在一起，接着进行抛光；然后再往其表面刻出建筑立面造型的门窗（图 6.3-37）；图 6.3-38 中的建筑模型是利用了材料本身的肌理；图 6.3-39 中的模型肌理效果是采用抛光与磨砂两种方法，主要审视建筑设计的造型体量效果。图 6.3-40 透明材料与灯光匹配效果。

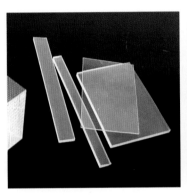 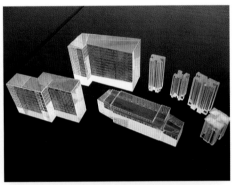

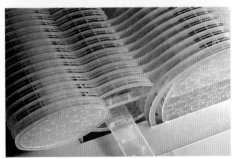

图 6.3-36　图 6.3-37
　　　　　　图 6.3-38
图 6.3-39　图 6.3-40

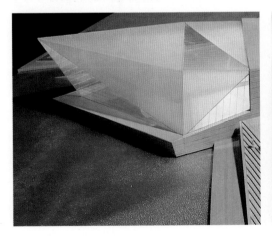 

6.3.5　用多种材料制作模型

　　利用各种素材所具有的材料质感来表现模型，这是一种较写实的表现手法。这种手法处理时，要有所侧重，如果使其过分写实，则势必变成与玩具相类似的东西，所以，加强哪一部分和省略哪一部分，都是非常重要的。

　　图 6.3－42、图 6.3－43 为房屋展示模型。建筑设计方案模型呈现坡屋顶、带阳台、平台、泳池、天窗、树木、山地（图 6.3－44）等造型元素的建筑模型。其重点部分表现为：坡屋顶（图 6.3－45），采用 3mmABS 胶板，电脑刻花（图 6.3－41 中左一的材料为本色仿瓦片造型，随后是根据设计的需要各种不同的上色瓦）喷色。本案瓦片根据模型表现的需要喷的是黄灰色；建筑墙面造型具有山地建筑的特色（图 6.3－46），同样采用电脑刻花（仿木材、虎皮石墙造型）、喷色；门窗（图 6.3－47）（包括门窗框、门窗扇、玻璃、天窗等）选用 1.5mm 亚克力板；基座（地形）采用石膏（图 6.3－48）；点景树木、灌木的选材主要是丝瓜瓤，采用 1 ：50 的比例（图 6.3－49）。

图 6.3－41
图 6.3－42　　图 6.3－43

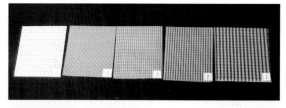

图 6.3—44　　图 6.3—45
图 6.3—46　　图 6.3—48
图 6.3—47　　图 6.3—49

6.3.6　用废旧材料制作模型

建议大学生的建筑模型习作练习，最好采用废旧物来制作模型。一方面是为"节约"，另一方面也是体现模型设计与制作的能力。

图 6.3-50～图 6.3-54 是采用包装盒子制作而成。

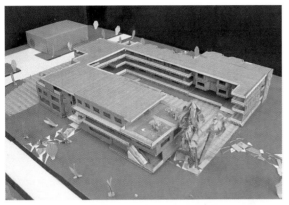

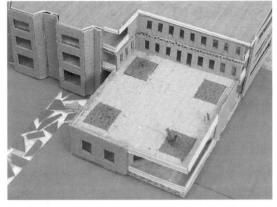

图 6.3-50　　图 6.3-52
图 6.3-51　　图 6.3-53
　　　　　　图 6.3-54

Chapter7 Academic Model Exercise

第 7 章　大学生习作模型

第 7 章　　大学生习作模型

　　建筑初步课程中的习作模型，往往是在制作的同时进行创作的操作方式。它一般是做成之后再把它捣毁，然后，再重新制作成形。也可拍成照片，再将其拆散，就这样反复操作推敲，直至达到构思表现深度。这就是习作模型的用意。

7.1　　建筑初步——空间组合习作模型（学生作品）

（图 7.1-1 ～图 7.1-12）

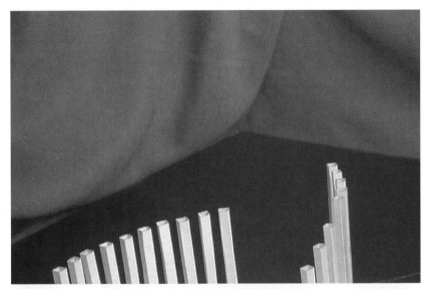

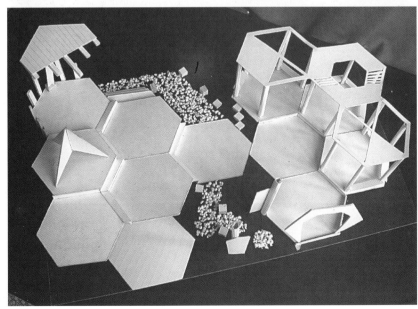

图 7.1-1
图 7.1-2

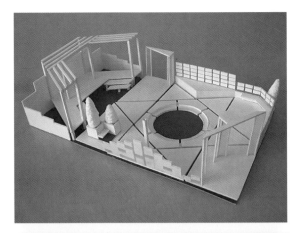

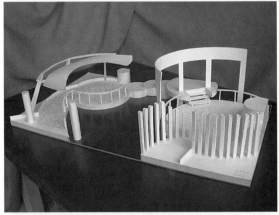

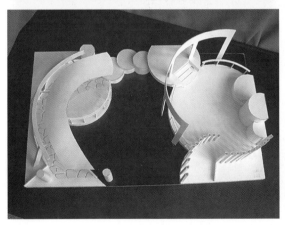

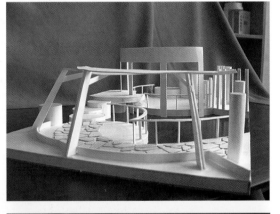

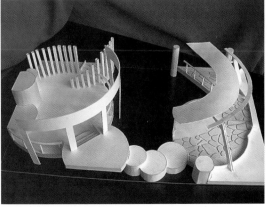

图 7.1—3
图 7.1—4 　 图 7.1—6
图 7.1—5 　 图 7.1—7

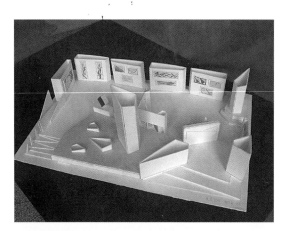

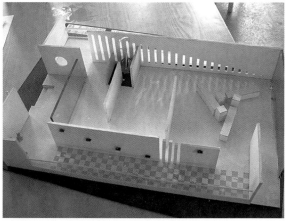

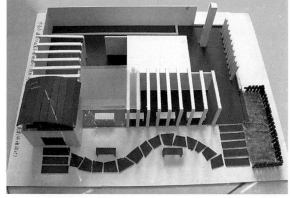

图 7.1—8
图 7.1—9

图 7.1—10
图 7.1—11
图 7.1—12

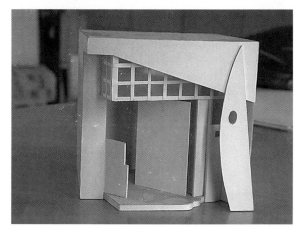

7.2 建筑设计——分析模型

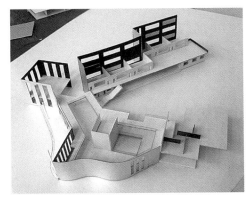

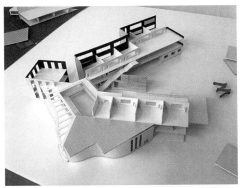

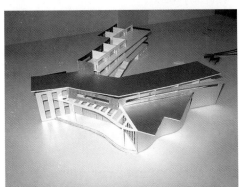

建筑设计分析模型制作练习是建筑模型课程的教学方法之一。学生在这一阶段的学习中，一方面通过对建筑模型的空间组成分析，使学生对建筑空间得到进一步认识；另一方面通过对建筑模型的制作，能够培养学生建筑设计的空间思维意识和思维方法。最终的目的是建立从平面设计转换到立体空间设计的换位思考方法。

分析模型的要求与方法：

1）教师提出或学生自己寻找适合于模型表现的建筑设计平面图、立面图以及剖面图（建议：学生自己去寻找可做模型的建筑设计图纸，这是再次认识建筑的好机会）。

2）根据建筑设计平面图、立面图以及剖面图所表现的内容，从而计划接下来的工作程序和表现形式。

3）首先，制作模型件，如墙面、墙面色彩、门窗洞。然后，考虑可分层展示建筑空间组合方式，如图7.2-1(a)为一层平面、图7.2-1(b)为二层平面、图7.2-1(c)为三层平面、图7.2-1(d)为屋顶平面，以及表现建筑所处的环境（图7.2-1e为建筑与环境）。

图7.2-1(a)
图7.2-1(b)
图7.2-1(c)
图7.2-1(d)　　图7.2-1(e)

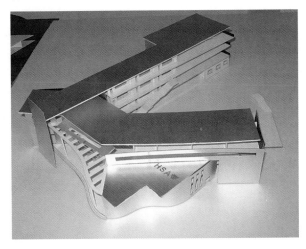

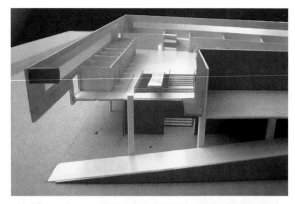

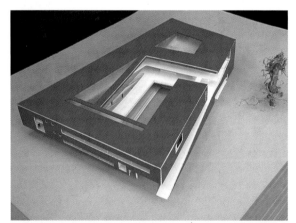

注意：

1. 建筑模型主要是由模型底座与主体（建筑）模型的构成，因此，最后的完成稿应突出主体部分。

2. 自我控制的方法：主体（建筑）模型是否与模型底座（或称为环境）成为一个"图底"关系。图 7.2—1(e) 的"图底"关系就不如图 7.2—2(c) 对比那么强烈。所以，要注意把握这种"图底"关系的处理方法，忌讳琐碎，其效果才会更佳。

3. 当然，也不是"图底"关系处理成越对比越好，例如图 7.2—4(b) 的表现就没有图 7.2—3(a) 的效果好。后者一方面是色彩的表现不那么极端地"对比"，另一方面环境表现得概括而简练。

下面是一组大学生建筑设计分析模型作业（图 7.2—2 ～图 7.2—15）。

图 7.2—2(a)
图 7.2—2(b)
图 7.2—2(c)
图 7.2—3(a)　　　图 7.2—3(b)

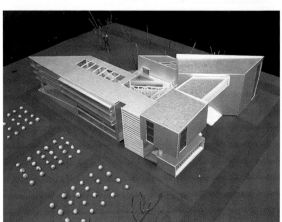

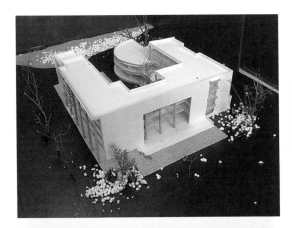

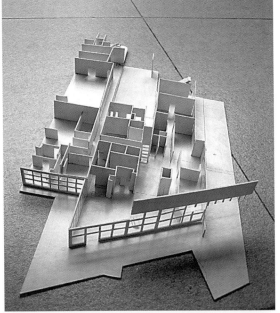

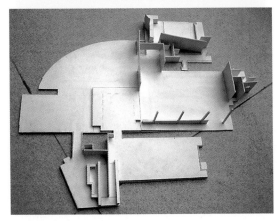

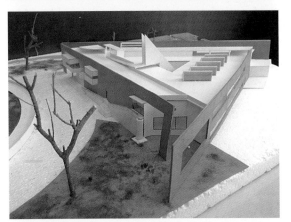

图 7.2—4(a)　　图 7.2—5(b)

图 7.2—4(b)　　图 7.2—6(a)

图 7.2—5(a)　　图 7.2—6(b)

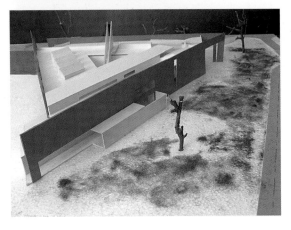

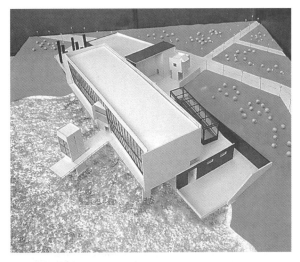

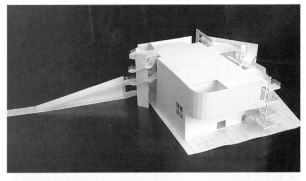

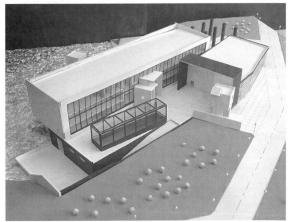

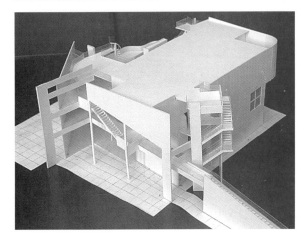

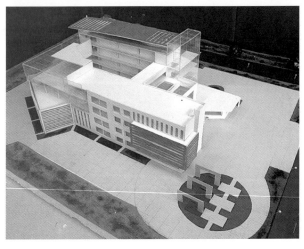

图 7.2—7a　　图 7.2—8b
图 7.2—7b　　图 7.2—9a
图 7.2—8a　　图 7.2—9b

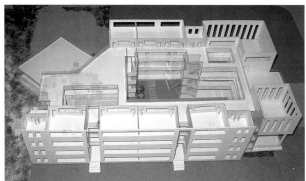

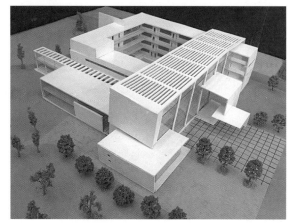

图 7.2—12(a)

图 7.2—10(a)　　图 7.2—12(b)

图 7.2—10(b)

图 7.2—11

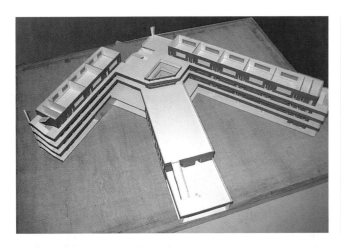

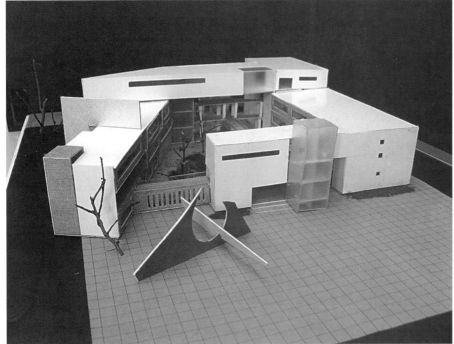

图 7.2—13(a)　　图 7.2—13(b)

　　　　　　　　　图 7.2—14

图 7.2—15(a)　　图 7.2—15(b)

7.3 建筑设计——研究模型

　　建筑设计的研究模型是指以概括性的表达规划设计、建筑设计的分析、研究、展示等为目的的模型，无需表现规划成建筑设计的细部。

　　图 7.3-1 ～图 7.3-8 为研究模型实例。

图 7.3-1(a)
图 7.3-1(b)

图 7.3—2(a)

图 7.3—2(b)

图 7.3—3(a)　　　图 7.3—3(b)

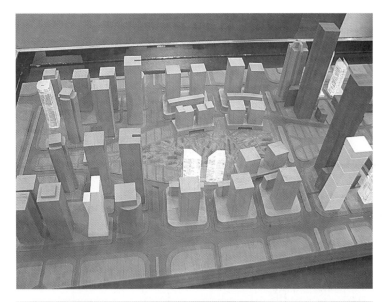

图 7.3—4a
图 7.3—4b
图 7.3—5(b)　　图 7.3—5(a)

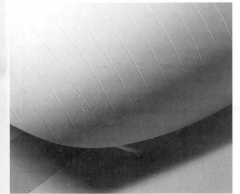

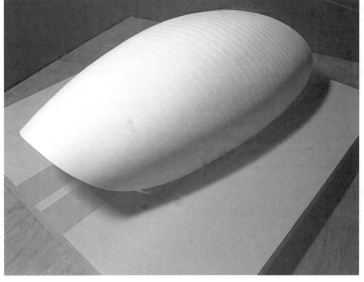

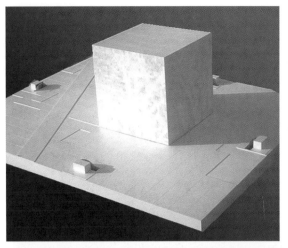

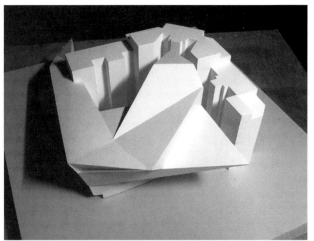

图 7.3—6　　图 7.3—7
图 7.3—8(a)
图 7.3—8(b)